그 누구도 경험하지 못한 ◗◗●

어떤 신세계

그 누구도 경험하지 못한

어떤 신세계

사샤 맘착·마티나 포글 지음 | 카트린 슈탕글 그림 | 김완균 옮김

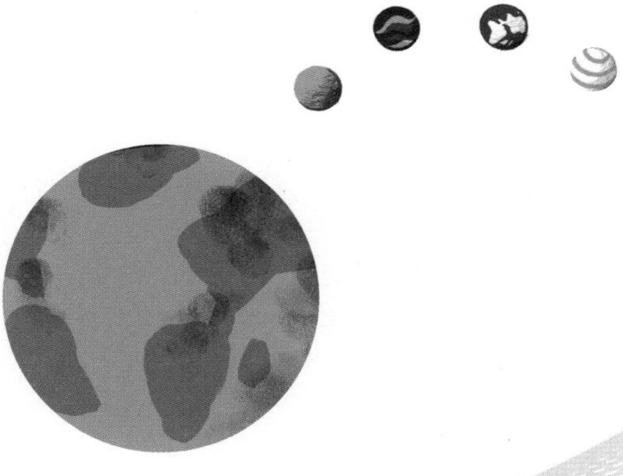

라임

차 례

"자연은 살아 있는 동안 우리가 누리는 사랑이다."

_아스트리드 린드그렌

"세상은 하나의 이야기이다.

그 안에서 노니는 우리는 세상의 일부에 불과하다."

_미하엘 엔데

만약 우리가 살고 있는 세상이 파괴된다면?

우리가 청소년을 위해 인간과 자연과 지구의 미래에 관한 책을 쓴다고 하자, 사람들은 대부분 비슷한 반응을 보였다. 그들을 무작정 가르치려 들어서는 안 된다고, 그리고 너무 부정적이어서도 안 된다고……. 상당히 당혹스러웠다. 지금까지 어른들은 청소년들에게 뭐든 으레 분명하고 단호하게 말하곤 했으니까.

"네 방을 깨끗이 치워야지."

"동생을 잘 돌봐 줘."

"다른 사람 물건에 손대면 안 돼."

"착하게 굴어야 해."

그런데 인간과 자연, 지구의 미래에 관해 이야기할 때는 가르치려 해선 안 된다고? 참 이상한 일이다.

솔직히 말해서 누군가를 가르치려고 이 책을 쓴 것은 아니다. 오히려 그 반대다. 그럼에도 불구하고 피할 수 없는 두 가지의 엄연한 사실이 있다. 하나는 지금 지구가 처한 상황이 무척 안 좋다는 것이다. 또 하나는 우리가 지구에서 계속 살아가기 위해선 이 상황을 어떻게든 바꿔야 한다는 것이다.

이것은 결코 부정할 수 없는 사실이다. 하지만 어른들은 이러한 주제에서 청소년을 소외시키고 있으며, 대부분의 학교에서는 수업 시간에 이러한 현실을 수박 겉핥기 식으로만 전달하고 있다.

물론 팬데믹, 인종 차별, 난민, 전쟁, 여성에 대한 폭력 등 세상에는 빨리 해결해야 할 중요한 문제들이 아주 많다. 그러나 우리가 살고 있는 세상이 파괴된다면? 아마도 다른 문제들을 해결할 기회 자체가 아예 사라져 버릴지도 모른다.

안타깝게도 많은 사람들은 이러한 현실을 제대로 인식하지 못하고 있다. 우리 또한 이 책을 정확히 어떻게 규정해야 할지 고민스럽다. '환경 위기', '무분별한 자연 개발', '동·식물의 멸종 위기', '기후 변화'와 같은 용어들이 군데군데 퍼져 있기 때문이다. 이러한 용어 중 몇몇은 하도 일반적이라서 모든 것을 의미하기도 하고, 반대로 아무것도 의미하지 않기도 한다.

어떤 용어는 오해의 소지를 꽤 많이 안고 있다. 예를 들어 '기후 변화'는 지나칠 정도로 조심스럽고 완곡한 표현이다. 지구의 기후는 지금까지 계속 변화해 왔고, 앞으로도 빠르게 변화할 것이다. 그런데 지금 우리 눈앞에서 펼쳐지고 있는 일들은 '기후 재앙'이라고 불러야 마땅할 지경이다.

그럼에도 불구하고 우리는 지금의 상황을 꽤 긍정적으로 바라보고 있다. 많은 청소년들이 지구가 매우 안 좋은 상황에 놓여 있다는 사실을 깨닫고 직접 행동에 나서고 있기 때문이다.

거대한 변화의 바람이 불고 있는 셈이다. 앞으로 찾아올 세계가 어떤 모습일지 정확히 알 수는 없지만, 어쨌거나 우리가 살았던 그 어떤 세계와도 닮지 않은, 그야말로 '신세계'가 될 것이 분명하다.

그래서 우리가 살고 있는 세상을 명확하게 바라보는 것부터 시작해 보려 한다. 이 세상이 지금 어떤 모습인지, 과거에 어떤 과정을 거쳐서 이런 모습이 되었는지, 그리고 미래에는 어떻게 변해 갈 것인지…….

2020년 6월, 뮌헨에서

사샤 맘착 & 마티나 포글

제1장

현재에 오신 것을 환영합니다

"세상은 계속 변화하고 있고,
그 변화를 가장 먼저 알아채는 건 언제나 아이들이다."

로베르토 볼라뇨

우리가 살아가고 있는 '지금'

인간의 역사는 끊임없는 변화의 역사이다. 그동안 거대한 제국들이 무수히 생겨났다가 사라졌다. 전쟁은 기존의 정치 질서를 파괴하고 온통 새로운 것으로 바꿔 놓았다. 폭동과 반란은 마치 영원할 것처럼 절대 권력을 휘두르던 지배자들을 무너뜨렸다. 이처럼 시민들의 저항 운동은 불가능하리라고 생각했던 사회 변혁을 하나하나 이루어 냈다.

또, 미지의 나라와 신대륙(?)을 발견하면서 이주민들이 생겨났다. 의학이 발달해 수백만 명의 목숨을 앗아 갔던 질병을 정복했고, 과학은 신비로움에 감싸여 있던 우주의 비밀을 밝혀냈다. 그리고 획기적인 발명품과 기술의 혁신은 우리 삶을 점점 더 편리하게 만들어 주었다.

그렇다! 인류의 역사를 돌아보면, 매 순간 '특별한 일'이 일어났다는 생각이 들 수밖에 없다. 매일매일 전 세계에서 수없이 많은 일들이 일어나고 있으니까. 그중에서 무엇이 예외적이거나 주목할 만한 일인지, 또 미래에 어떤 극적인 결과를 가져오는 일인지를 무엇으로 판가름할 수 있을까? 어쩌면 이건 현재의 관점에서 과거를 되돌아보며 분석하는 역사가들만이 할 수 있는 일의 영역인지도 모른다.

예를 들어, 갈릴레오 갈릴레이는 17세기에 태양이 지구 주위를 도는 것이 아니라 지구가 태양 주위를 돌고 있다는 사실을 증명했다. 하지만 지동설이 받아들여져 사람들의 세계관에 변화가 생기기까지는 백 년이라는 시간이 더 필요했다. 갈릴레오와 같은 시대를 살았던 사람들은 그가 발견한 새로운 사실을 그때는 대부분 깨닫지 못했기 때문이다.

사실 어떤 사건이 미래에 극적인 영향을 끼칠 만큼 특별하다는 걸 정확하게 파악하기란 매우 어렵다. 너무 많은 일이 동시에 일어나는 경우가 허다해서 그들 사이의 관계를 제대로 알아내기가 쉽지 않다. 설령

우리가 미처 눈치채지 못하는 사이에 매우 의미심장한 변화가 일어나더라도, 겉으로 보기에는 아무 일 없이 평범한 날들이 이어진다고 느끼기도 한다.

지금 우리가 살아가고 있는 21세기 전반기만 하더라도 중요한 사건들이 잇따라 일어나고 있다. 전 세계적인 경제 위기, 난민의 물결, 각종 내전과 테러, 영국의 유럽 연합 탈퇴, 스스로 학습하는 AI의 등장, 코로나-19 팬데믹, 러시아의 우크라이나 침공 등…….

그렇다면 어떤 사건이 훗날 역사가들에 의해 미래에 영향을 미친 가장 의미 있는 사건으로 분류될까? 이미 말했듯이, 현재의 관점에서는 누구도 그 질문에 답할 수 없다. 2020년에 접어들면서 전 세계적으로 퍼져나간 코로나-19 팬데믹과 같은 주요 사건조차 아직 그 결과를 함부로 예측하지 못한다.

인류의 역사를 살펴보면, 백여 년 전에 수천만 명의 목숨을 앗아 간 스페인 독감과 같은 전염병이 수차례 발생했다. 하지만 전염병을 일단 극복하고 나면 사람들은 어느 순간 아무 일도 없었던 것처럼 예전의 일상적인 삶으로 돌아가 있곤 했다.

때로는 뉴스의 홍수에 파묻혀 사람들이 거의 알아차리지 못했던 작은 사건이 미래에 극적인 결과를 불러오는 경우도 종종 있다. 그렇다고 해도 누구든 미리 예측을 할 수는 없다. 우리도 그저 추측만 해 볼 뿐이다.

미래가 현재를 고소하다

우리는 미래의 역사가들이 2015년 8월에 일어난 일을 언젠가 특별한 사건으로 분류하게 될 것이라고 감히 예상해 본다. 정작 그때는 아무도 관심을 기울이지 않았던 사건이다.

2015년 8월, 21명의 어린이와 청소년이 미국 정부를 상대로 집단 소송을 제기했다. 21명의 원고(법원에 민사 소송을 제기한 사람. — 옮긴이) 중 한 명인 켈시 줄리아나의 이름을 따, 이 소송은 '줄리아나 vs. 미국 정부'라고도 불린다.

청소년들은 미국 헌법이 모든 시민에게 건강하고 자유로운 삶의 권리를 보장하고 있음에도 불구하고, 미국 정부가 기후 변화를 초래하는 정책을 추진해 헌법상의 권리를 침해했다고 주장했다. 재앙을 불러올 기후·환경 정책으로 지금의 청소년들이 기대할 수 있는 아름다운 미래를 망가뜨리고 있기에 자신의 권리를 지키기 위해 정부를 상대로 소송을 제기한다는 것이다.

미국 정부는 몇 달 동안 모든 법적인 수단과 방법을 동원해 재판이 시작되는 것을 막았다. 그러나 2018년 7월에 미국 대법원은 청소년들의 소송이 원칙적으로 인정되며, 법정에서 재판받을 권리가 있다고 판결했다. 이 소송은 지금도 심리가 진행 중이다.

'미래의 건강하고 자유로운 삶'에 대한 권리를 보장해 달라는 청소년들의 기후 소송 제기는 전 세계적으로 처음 있는 일이었다. 이후 미국의 다른 주는 물론이고 네덜란드, 영국, 캐나다, 한국 등에서도 정부를 상대로 한 청소년들의 소송이 이어졌다.

콜롬비아에서는 25명의 청소년이 정부가 열대 우림의 삼림 벌목에 대해 아무런 조치도 하지 않아서 건강한 환경을 누려야 할 미래 세대의 기본권을 침해했다며 소송을 제기했다. 인도의 우타라칸드주에서는 아홉 살 어린이가 기후 변화에 적절히 대처하지 않아 어린이들의 미래를 위태롭게 했다는 이유를 들어 정부를 고소했다.

한국에서는 2020년 3월, '청소년 기후 행동'이 온실가스 감축 목표를 달성하지 않고 2030년으로 미룬 것이 미래 세대의 기본권을 침해하는 행위라며 국회를 상대로 헌법 소원을 냈다.

또, 독일에서는 2020년 1월에 정부의 환경 정책이 충분하지 못하다는 이유를 들어 연방 정부를 상대로 헌법재판소에 고소장을 제출했다. 그 결과 2021년 1월, 독일 연방 헌법재판소는 독일 기후 변화법에 대해 일부 위헌 결정을 내렸다. 2030년 이후 온실가스 감축 관련 내용이 충분하지 않다며 '미래 세대의 기본권 침해'로 판단한 것이다.

나라마다 법률 체계가 다르고 소송 절차도 복잡하지만 지금도 여전히 곳곳에서 갖가지 소송이 진행 중이다. 그나마 세계 주요 나라의 사법기관에서 기후 변화가 국민 기본권 침해와 관련된 영역이라는 공감대를 형성하고 있다는 것이 희망적인 셈이다.

청소년들의 기후 소송은 일찍이 없었던 유형이라는 법적인 관점 외에도 특이점이 있다. 바로 우리가 미래를 바라보는 방식이 바뀌었다는 사실을 여실히 보여 주고 있기 때문이다! 물론 지난 수십 년 동안에도 미래에 대한 우려가 있기는 했다. 특히 냉전 시대(직접적으로 무력을 사용하지 않고, 경제·외교·정보 따위를 수단으로 하는 국제적 대립의 시대. 대개 제2차 세계 대전 이후 미국과 소련을 중심으로 한 자본주의와 공산주의의 대립을 뜻한다.—옮긴이)에는 사람들이 핵전쟁이 일어날까 봐 몹시 두려워했다.

그럼에도 불구하고 대부분의 사람들은 막연히 현재보다 미래가 나을 것이라 여기며, 기성세대가 다음 세대에게 좀 더 나은 세상을 넘겨주는 것이 가능하리라고 믿었다.

하지만 요즘 젊은 사람들은 미래가 현재보다 더 나빠질 것이라 느끼고 있다. 그 책임을 기성세대에게 물으며 비난을 서슴지 않는다. 심지어 기후 소송을 통해 자신들의 미래에 대한 권리를 당당히 주장하고 있다. 결국 미래가 현재를 고소하고 있는 셈이다. 이것은 인류 역사상 처음 있는, 완전히 새로운 일이다!

재난 영화 속 같은 우리의 현실과 마주하기

예전과 비교해 보면 요즘은 놀라울 정도로 편리하고 풍족해졌다. 사람들은 건강하게 오래 살고 있으며, 교육의 기회가 늘어 생활 수준 또한 높아졌다.

세계 곳곳에서 여전히 전쟁이나 무력 충돌이 일어나고 있지만, 전반적으로는 평화로운 시대이다. 게다가 눈부신 기술의 발전 덕분에 휴대폰만 있으면 언제든지 전화를 걸 수 있고, 비행기를 타면 어디로든 여행을 떠날 수 있으며, 인터넷으로 전 세계의 소식을 실시간으로 접할 수 있다.

2000년 이후에 태어나 의료 시스템이 잘 갖추어진 나라에서 살고 있다면 아마도 백 살까지 살 확률이 아주 높다. 머지않아 자율 주행 자동차를 타고 다니게 될 것이며, 코로나-19와 같은 감염병은 물론 암이나 치매 같은 병이 완전히 정복되는 모습도 목격하게 될 것이다. 어쩌면 화성에 착륙한 인류의 모습을 생중계로 지켜보게 될 날이 올지도!

그렇다고 미래를 무작정 희망적으로만 보기는 어렵다. 그래서 많은 이들이 경고의 목소리를 내고 있는 것이다. 2017년에 1만 5천 명의 과학자로 구성된 국제단체가 '인류에게 보내는 경고'의 메시지를 발표했다. 그들은 우리가 지구에 돌이킬 수 없는 피해를 입히고 있다고 주장하며, 서둘러 대책을 세우지 않는다면 머지않아 지구는 더 이상 사람이 살 수 없는 행성이 될 수도 있다고 경고했다.

지구의 미래에 대한 두 가지 전망은 언뜻 서로 반대되는 것처럼 보이지만, 가만히 뜯어보면 서로 꽤 밀접하게 관련되어 있다. 인류는 풍족하고 편리한 삶을 위해 지구의 자원을 바닥이 보일 때까지 싹싹 긁어 쓰고 있다. 또 수많은 동식물의 서식지를 파괴해 대량 멸종 사태를 불러일으키고 있다. 수확량을 늘리기 위해 농사를 지을 때 엄청난 양의 유해 물질을 사용해 해충뿐 아니라 이로운 식물과 곤충들까지 다 죽이고 있다.

손쉽게 사용하고 내다 버린 플라스틱 쓰레기는 또 어떤가? 바다로 흘러 들어가서 거의 대륙 크기만 한 쓰레기 섬을 만들어 낸다. 이미 태평양에는 대한민국 면적의 약 16배에 달하는 거대한 쓰레기 섬이 있을 정도이다. 게다가 이산화 탄소, 메탄 등의 온실가스로 대기를 가득 채워 지구 온난화를 일으키는 바람에 해수면 상승과 폭염, 가뭄, 홍수 같은 자연재해에 연거푸 시달리고 있다.

안타깝게도 이건 재난 영화 속 이야기가 아니다. 지금 우리가 처한 현실이자 매일같이 뉴스로 접하고 있는 소식이다. 이런 추세라면 아마도 21세기 중반쯤에는 물고기보다 더 많은 플라스틱이 바다를 떠다닐지도 모른다. 아직 발견하지 못했기에 존재하는지조차 모르고 있는 생명체를 포함해 무수히 많은 동식물이 앞으로 멸종할 것이다.

인류의 미래도 확실하지 않다. 따라서 우리가 지금까지 살아온 방식을 쭉 고집한다면 백 년도 채 지나지 않아 지구는 매우 끔찍한 곳으로 변하고 말 것이다.

과학자들뿐만 아니라 전 세계의 많은 사람들이 이 상황을 걱정하고 있다. 그래서 '이제는 정말 그만!'이라는 슬로건을 내걸고 화력 발전소의 가동을 중단하라며 시위에 나서고 있다. 2018년에 그레타 툰베리가

기후 재앙에 대한 사람들의 관심을 불러일으키기 위해 매주 금요일마다 등교 거부 운동에 나선 것도 바로 이러한 우려 때문이다.

툰베리의 1인 시위는 전 세계 수백만 명의 학생들이 참가하는 '미래를 위한 금요일(Fridays for Future)' 운동으로 이어졌다. 시위에 참여한 청소년들은 '우리는 여기 모여 큰 소리로 외칩니다. 당신들이 우리의 미래를 훔치고 있기 때문입니다.'라는 문구가 적힌 깃발을 흔들며 정부를 매섭게 비판했다. 그런데 코로나-19 팬데믹으로 거리에서 시위를 할 수 없게 되자 시위 장소를 온라인 세상으로 옮겼다.

청소년들이 미래를 걱정할 이유는 충분하다. 환경 파괴와 기후 재앙에 맞서 무언가 조치를 요구하는 건 당연한 일이니까. 그러나 현실은 생각처럼 녹록지 않다. 대부분의 사람들은 시위를 벌이지 않으며, 숲을 점거하거나 소송을 제기하지 않는다. 심지어 시위대의 주장에 귀조차 기울이지 않는다. 환경 파괴를 걱정하면서도 그에 맞서 뭔가 특별한 행동을 해야 한다고 생각하지 않는 것이다. 그냥 그저 평소와 다를 바 없이 익숙한 삶을 살아가고 싶어 한다.

뉴스를 보면 기후 재앙에 맞서 당장 무언가를 해야 한다고, 이대로 두면 돌이킬 수 없는 상황에 놓일 거라고 암시하는 경고가 가득하다. 실제로 기후 변화가 환경에 끼치는 끔찍한 영향에 대해 한 번도 들어 보지 못한 사람은 없을 것이다.

이미 피해를 입은 사람들도 있다. 섬으로 이루어진 몇몇 나라들은 국민들이 이주할 수 있도록 다른 지역에 토지를 구입했다. 기후 변화로 해수면이 높아져 섬이 바다 속으로 가라앉고 있기 때문이다. 이 같은 주제로 이미 수없이 많은 국제회의가 열렸고, '파리 기후 협약'과 같은 중요한 국제 협약이 체결되었다. 그런데도 우리는 기후를 변화시키는 행동을 멈추지 않고 있다. 왜 그런 걸까?

더 이상 '우리'는 없다

이 질문에 답하려면 문제를 좀 더 자세히 들여다봐야 한다. 사람들은 '우리 인간'이 지구의 자원을 착취하고, 수많은 동식물을 멸종시켰으며, 지구의 기후를 변화시키고 있다고들 말한다. 사실 우리에게 모든 책임이 있다는 것은 의심할 여지가 없다. 우리가 만든 변화가 얼마나 대단한지, 과학자들은 지금 이 시대를 가리키는 이름이 따로 있어야 한다고 주장한다.

그들은 우리가 더 이상 충적세(Holocene, 마지막 빙하기가 끝나고 인류 문명이 발전하기 시작했던 약 1만 년 전부터 현재까지의 지질 시대. 비교적 온화한 기후가 특징이다.—옮긴이)에 살고 있지 않다고 말한다. 말하자면 '인류세(Anthropocene, 인간의 활동이 지구 환경을 바꾸는 지질 시대.—옮긴이), 즉 '인간의 시대'에 살고 있다는 것이다.

인류세라는 이 새로운 이름은 '고대'나 '중세'처럼 특정한 시대를 가리키는 것이 아니라 지구가 생겨난 후부터 현재에 이르기까지, 그러니까

앞선 시대와 관련이 깊다.

과학자들은 특정 기간을 지질학적 시대로 선언하려 할 때 매우 신중을 기한다. 과거의 특정 시간대에 지구상에서 빙하기처럼 근본적인 변화가 일어났다는 사실을 암석 퇴적물을 통해 증명할 수 있을 때라야 비로소 할 수 있는 일이다.

인류세라는 용어도 마찬가지다. 지층에서 납, 콘크리트, 플라스틱처럼 인간이 내다 버린 물질들이 대거 발견되었기에 제기된 것이다. 여기에는 방사성 물질도 포함되는데, 1960년대에 태평양에서 있었던 원자폭탄 실험으로 전 세계에 퍼져 나간 것들이다. 지금으로부터 십만 년 후쯤, 미래의 고고학자들이 발굴 작업을 하다가 이러한 흔적을 고스란히 발견하게 될지도…….

물론 '인류세'는 아직 공식 용어는 아니다. 지질학적 시대에 이름을 붙이는 권한을 지닌 담당 기구에서 최종 결정을 내리지 않았다. 그럼에도 불구하고 사람들은 이 용어를 자연스럽게 사용하고 있다. 인간이 거대한 화산 폭발이나 빙하기 때처럼 우리가 살고 있는 세계를 크게 변화시키고 있기 때문이다.

그런데 자세히 들여다보면 '인간의 시대'라는 이름은 상당히 모호한 면이 있다. 우리는 '인간'이라는 단어를 다른 종과 구별할 때 주로 사용한다. 지구상에 살고 있는 모든 사람을 가리킬 때는 대개 '인류' 또는 '우리'라는 단어를 쓴다.

사실 우리 모두를 '인간'이라는 단어로 간단히 묶기엔 다소 무리가 있다. 지구에 사는 수십억 명의 사람들은 저마다 다른 생각과 가치관을 지니고 있으니까. 실제로 각기 다른 목표와 의견, 감정, 그리고 꿈을 가진 채 살아가고 있다. 서로 다른 것을 믿을 뿐 아니라 아주 다른 방식으로 세상을 바라보고 이해한다.

아주 막강한 힘과 영향력을 가진 사람들이 있는가 하면, 반대로 아무 힘이 없는 사람들이 있다. 부유한 사람과 가난한 사람, 아픈 사람과 건강한 사람, 강한 사람과 약한 사람, 젊은 사람과 늙은 사람, 똑똑한 사람과 어리석은 사람, 냉혹한 사람과 다정다감한 사람 등 온갖 종류의 사람들이 한데 섞여 살아가고 있는 것이다.

그렇다면 우리가 '인간'이라고 말할 때, 이 단어는 정확히 무엇을 뜻하는 걸까? '인간'을 다른 존재와 구분 짓는 것은 대체 무엇일까?

세계의 모든 사람을 뜻하는 동시에 사람과 다른 동물을 구별할 때 쓰는 '인류'라는 개념은 뭔가를 딱 꼬집어 명확하게 표현하는 단어는 아니다. 인류는 무엇을 할지 말지를 함께 결정하는 단일 집단이 아니기 때문이다.

이 세상은 저마다 고유한 정체성을 가진 수많은 민족과 국가, 인종, 종교 공동체, 국가 연합으로 이루어져 있다. 물론 제2차 세계 대전 이후 국제 평화와 안전을 유지하기 위해 '국제 연합(UN)'이 결성되긴 했지만, '유엔'이라는 국제기구가 합의된 하나의 의견에 따라 활동하는 경우는 거의 없다. 각각의 국가들은 저마다의 방식으로 어떻게 행동할지를 결정하고, 강하고 부유한 국가는 늘 힘없고 가난한 국가들을 상대로 막강한 권력을 행사한다.

따라서 이 시대를 '인류세'라고 부른다 하더라도, 이는 통제할 수 없는 수십억 명의 사람들이 저마다의 활동을 통해 엄청난 속도로 세상을 바꾸고 있음을 나타내는 것 정도로 볼 수 있다. 사람들이 하는 일에는 공통된 의도나 계획이 존재하지 않는다. 개인과 국가, 그리고 국가 연합은 저마다 독자적인 결정을 내린다.

그런데 21세기에 접어들면서 이렇게 합의되거나 조정되지 않은 행동이 지구에 해를 끼치면서 인류의 미래를 위협하고 있다. '인간'이나 '인류'라고 한데 뭉뚱그려 말하기에는 뭔가 서로 다른 관심사와 이해관계를 가진 사람들이 북적대는 아주 다양한 형태의 사회가 존재한다.

이것이 바로 환경 파괴에 맞서 인류가 당장 무언가를 해야 한다는 경고가 아무런 힘을 발휘하지 못하는 이유이다. 사실 사람들은 이 문제에 별 관심이 없다.

예를 들어 보자. 어느 기업이나 국가가 환경을 파괴하고 착취해서 이익을 얻는다면 과연 그 같은 행위를 중단하려고 할까? 나무를 베어 목재를 얻고 경작지를 만들어 높은 수익을 올리는 데 급급해 자신들의 행동이 지구에 엄청난 해를 끼치고 있다는 주장 따위에는 조금도 귀를 기울이지 않을 것이다. 그래서 아마존과 동남아시아의 열대 우림이 계속해

서 줄어들고 있는 걸 테니까.

또, 경제적으로 여유가 많아서 값비싼 물건을 손쉽게 사거나 자동차를 여러 대 갖고 있거나 비행기나 크루즈 여행을 즐기는 사람들은 어떨까? 그들의 행동이 지구 생태계에 해로운 영향을 끼친다는 말을 듣는다고 해도 생활 방식을 쉽사리 바꾸려 들지 않을 것이다. 왜냐고? 당장 너무 편하고 안락하니까.

이와 반대로, 먹고사는 것이 넉넉하지 않아서 날마다 걱정을 안고 사는 사람들은 어떨까? 사실 그들에게도 환경 문제는 그다지 중요한 주제가 아니다. 오히려 생태계를 해치는 행동을 삼가야 한다는 주장 때문에 식량 가격이 오를까 봐 걱정에 휩싸이지 않을까?

그리고 환경 파괴나 기후 변화를 전혀 걱정할 필요가 없다고 여기는 부유한 권력자들도 있다. 그들은 기후 변화에 책임이 있다는 주장을 인정하려 들지 않거나, 설령 동의한다 하더라도 자신들이 가진 돈으로 얼마든지 밝은 미래를 살 수 있으리라고 믿는다.

그 밖에, 가진 것도 별로 없고 권력도 그다지 없지만 인류의 미래에 대한 열정에 사로잡혀서 지구를 지키기 위한 투쟁에 많은 시간과 에너지를 쏟는 사람들도 있다. 그들 중 몇몇은 심지어 목숨을 걸고서 투쟁을 하기도 한다.

이처럼 우리는 사람들이 환경 파괴를 어떻게 인식하고 있는지 모두 고려해야 한다. 환경 문제는 개개인의 이해관계와 의견, 감정 등이 복잡하게 얽혀 있어서 국가와 정치권, 기업, 학교, 가족, 친구 사이에서도 갈등과 분쟁을 일으킨다.

결국 청소년들이나 과학자들의 목소리는 이러한 분쟁으로 빚어지는 수많은 목소리 가운데 하나에 불과할 뿐이다. 그러나 좀 더 자세히 살펴보면, 이 엄청난 혼란 속에서도 언제나 변함없이 똑같은 무언가가 존재한다는 것을 확인할 수 있다.

우리가 살아가는 21세기의 민낯

이를 설명하기 위해 다시금 전 세계 청소년들이 정부, 즉 어른들에게 제기한 기후 소송 얘기로 돌아가 보자. 그들은 자기들보다 살날이 많지 않은 어른들이 미래를 결정하는 것이 불공평하다고 여긴다. 실제로 그들에게는 미래에 대해 발언할 수 있는 기회가 별로 없다. 한국을 포함해 대부분의 나라에서는 18세 미만의 청소년들에게 투표권을 주지 않는다. 심지어 몇몇 나라에서는 여자아이들이 학교에 다닐 수 없으며, 반드시 어른을 대리인으로 두어야만 누군가를 고소할 수 있다.

청소년들은 자신들의 미래가 점점 작아지는 것을 눈앞에서 지켜보며 앞날을 도둑맞고 있다고 생각한다. 인류 역사상 단 한 번도 일어나지 않았던, 완전히 새로운 상황과 맞닥뜨린 것이다.

그나마 아직까지는 '자연'이라는 단어가 그리 자주 나오지 않았다는 걸 눈치챘을 것이다. 일부러 그랬다. 대부분의 토론과 갈등, 그리고 혼란 속에서 자연이라는 개념은 아무 내용도 없이 그저 공허한 것에 불과한 경우가 많기 때문이다. 지구, 기후, 자원, 동식물, 그리고 인간에 대해 이야기하는 것은 바로 자연에 대해 말하는 것과 같다. 따라서 실제로는 가장 중요한 단어여야 마땅한데도 말이다.

사람들은 지구에서 무슨 일이 일어나고 있는지 잘 알고 있다. 그렇다고 지금의 상황을 바꾸는 데 그리 도움이 되는 건 아니다. 평소에는 자연을 거의 의식하지 않고 지내기 때문이다. 지난 수십 년 동안 가속화된 발전과 개발이 빚어낸 결과이다. 어찌 보면 우리는 그동안 자연이 존재한다는 사실을 떨쳐 버리려고 애써 왔는지도 모른다. 그 결과, 자신들과 아무 관련이 없다고 확신하기에 이른 것이 아닐까?

사실 우리는 TV, 책, 광고 등의 매체는 물론, 수업 시간에도 거의 매일같이 '자연'이라는 단어를 접한다. 그렇다면 자연은 우리 삶에서 어떤 역할을 맡고 있을까? 어쩌면 즐겨 보는 다큐멘터리 프로그램이나 <아이스 에이지>, <라이온 킹>같이 자연을 배경으로 한 애니메이션, 또는 동물의 생태를 찍은 유튜브 영상에서 자연을 주로 접하고 있을지도 모르겠다. 하지만 이러한 영상은 우리의 일상과는 딱히 관련이 없어서 그다지 중요하게 와닿지 않는다.

그렇게 생각하면 기후의 급격한 변화나 동식물의 대규모 멸종을 경고하는 뉴스들이 사람들에게 당장 행동에 나서야 할 필요성을 불러일으키지 못한다는 사실이 그리 놀랍지 않다. 경고음이 울릴수록 사람들은 오히려 더 주저하게 되지 않던가? 스스로 무언가를 바꿔야 한다는 사실과 마주할수록 더욱더 신중해지는 법이다.

"왜 그렇게 해야 하는데? 단지 과학자들이 그래야 한다고 말하니까?"

솔직히 말해서, 사람들은 자연에 별 관심이 없다. 이 책을 쓴 우리 두 사람도 예외는 아니다. 나무나 꽃의 이름을 알지 못하고, 식용 버섯과 독버섯을 구분하지 못하며, 더위와 추위가 얼마나 위협적인지 잊은 지 오래다. 곤충의 멸종, 물고기 배 속의 플라스틱, 하루가 다르게 사라져 가는 열대 우림, 급격한 기후 변화 등이 모두 좋지 않은 상황이라는 건 알지만 내 삶과는 딱히 관련이 없는 것처럼 여겨지는 게 사실이다.

시간이 지나면서 자연과 점점 더 멀어지고 있다. 더 정확히 말하면, 자연과 멀어졌다고 '생각한다'. 그러나 잠시 후에 살펴보겠지만, 우리는 자연과 결코 떼려야 뗄 수 없는 사이이다. 무엇보다 이 '생각한다'에 모든 문제의 원인과 해결책이 담겨 있다.

앞서 말했다시피, 인류의 역사는 끊임없는 변화의 역사이다. 여러 변화 중에서 어떤 것이 미래에 영향을 미치며, 또 얼마나 중요한지를 판단하는 건 무척이나 어려운 일이다. 우리 시대도 마찬가지다. 21세기의 전반부는 이런저런 변화로 가득하다. 매일같이 누군가 획기적인 발견을 하거나 대단한 기술을 개발했다는 소식을 듣는다. 그만큼 흥미롭고 신박한 새 제품들이 시장에 속속 모습을 드러낸다. 게다가 전 세계 곳곳이 빠르게 변화하고 있다는 뉴스가 끊임없이 보도된다.

그중에서 정말로 중요한 것은 무엇일까? 업그레이드된 스마트폰이 언제 출시되는지가 중요할까? 아니면 학교에서 태블릿으로 공부하게 되는 것이? 그것도 아니면 어느 정치인이 스캔들로 갑자기 사임하는 것?

물론 그런 일들도 중요하긴 하다. 하지만 조금 더 깊이 생각해 보면, 이 모든 것은 궁극적으로 우리 삶과 미래에 그다지 중요하지 않다. 그저 지금 이 순간에 일어나고 있다는 이유로 중요하다고 여기는 것뿐이다.

우리는 알게 모르게 천천히 일어나는 변화들을 제대로 알아채지 못한다. 저 멀리 떨어져 있는 자연 속의 변화 같은 것들 말이다. 종의 멸종, 지구 온난화, 땅과 바다의 오염……. 이 모든 일은 우리가 알아차리지 못하는 방식과 속도로 지금 이 순간에도 꾸준히 일어나고 있다.

어디를 가나 오로지 코로나-19 팬데믹 이야기만 하던 2020년 봄, 중부 유럽에 심각한 가뭄이 발생해 논밭이 쩍쩍 갈라졌다. 하지만 이 사실을 알고 있는 사람은 거의 없었다. 또 2019년에 아프리카의 기린이 멸종위기종으로 지정되자, 많은 사람들이 깜짝 놀랐다는 듯한 반응을 보였다. 다들 그저 막연하게 이 세상에 어딘가에 기린이 아직 많이 살고 있을 거라고 생각했기 때문이다.

이러한 자연의 변화는 정말로 중요하며, 우리의 미래에 극적인 영향을 끼친다. 만약 자연이 없다면 인간의 문명 또한 생겨나지 못했을 것이다. 지구에 생명체가 아예 존재할 수 없었을 테니까. 우리가 하는 모든 일이 자연과 관련이 있는데도 아무 상관이 없다고 생각하는 것! 이것이 바로 21세기를 살아가는 우리가 자초한 모순이다.

다행히 점점 더 많은 사람들, 특히 청소년들은 자연이 자기 자신을 비롯해 '지금 여기'에서의 삶, 그리고 미래와 밀접하게 관련이 있다고 느끼고 있다. 그들은 21세기의 삶을 결정짓는 중요한 질문이 '우리는 과연 자연을 파괴하고 착취하는 것을 끝낼 수 있을까?'라는 것을 누구보다 잘 이해하고 있다. 영화 〈스파이더 맨〉에서 이걸 아주 멋지게 표현한 적 있다.

"커다란 힘에는 그만큼 커다란 책임이 따른다."

우리는 어느새 '인류', '지구', '21세기', 그리고 '커다란 책임' 등 거창한 단어들과 마주하고 있다. 이것들을 가지고 무엇을 어떻게 시작할 수 있을까? 지구와 인류가 문제시되고 있는 마당에 '나'라는 한 명의 인간이 대체 무엇을 할 수 있을까?

우선은 조금 가볍고 느긋하게, 여유로운 마음으로 소풍을 나가 보자. 간단한 과제를 하나 가지고서.

제2장

인간과 자연, 그 사이의 경계선

"숲속에는 사람들이 몇 년이고 이끼 속에 드러누워
심사숙고할 만한 게 가득하다."

프란츠 카프카

인간의 영역 vs. 자연의 영역

간단한 과제를 하나 내겠다.

"가만히 앉아서 아무것도 하지 말 것!"

여기에는 한 가지 조건이 있다. 반드시 집 밖으로 나가야 한다는 것이다. 풀밭에서, 숲에서, 산에서, 강에서, 호수에서, 바다에서……. 어디든 상관없지만 중요한 건 바로 '자연으로 나가기'이다. 건물이 보이지 않는 곳, 오가는 사람들과 부딪치지 않는 곳, 자동차가 다니지 않는 곳을 찾아가서 가만히 앉아 아무것도 하지 않아야 한다. 아, 휴대폰의 전원도 끄고……. 보고, 듣고, 냄새 맡고, 느끼는 것 말고는 아무것도 안 하는 것이 바로 과제다.

지금 여러분이 있는 곳은 봄이 한창일지도 모른다. 화려한 꽃들이 피어나고, 새들이 시시때때로 지저귀며, 머리 위로 푸른 하늘이 드넓게 펼쳐져 있다. 어쩌면 여름일 수도 있겠다. 나비가 날개를 팔랑이며 날아다니고, 풀벌레가 찌르륵거리며, 뜨거운 열기가 아지랑이처럼 피어오른다. 그러다 갑자기 천둥번개가 몰아치며 비가 쏟아질 것만 같다.

아니, 가을이면 어떨까? 곰팡내가 스민 땅에 나뭇잎들이 바스락거리며 떨어진다. 다람쥐들이 먹을 것을 찾아 이리저리 뛰어다닌다. 아니면 겨울일 수도 있을 거다. 차갑고 맑은 공기를 뚫고 새소리가 청량하게 들려온다. 벌거벗은 나뭇가지들이 잿빛 하늘을 향해 쭉쭉 뻗어 있다. 바람결에 흩날리는 눈송이가 얼굴에 닿자마자 사르르 녹는다.

자연 속에서 있는 그대로를 흠뻑 느껴 보다가 스스로에게 질문을 던져 보자. 지금 여기서 내가 보고, 듣고, 냄새 맡고, 느끼는 것은 대체 무엇일까? 봄날의 파릇파릇한 새싹, 여름날에 피어오르는 열기, 가을날의 바스락거리는 낙엽, 겨울날의 하얀 눈송이…….

이것들은 대체 무엇일까? 누구든 '자연'이라고 대답할 것이다. 그것은 정답인 동시에 오답이다. 이 질문을 좀 더 신중하게 생각해 본다면, 꽤나 어려운 문제가 숨어 있다는 걸 눈치채리라.

음, 친구나 부모님에게 '자연'이 무엇인지 물어보자. 아마도 "자연은 도시 바깥에 있는 것, 즉 산과 바다, 숲과 호수, 야생 동물과 식물이지."라고 대답할 확률이 높다. 그렇다. 사람들은 '자연 속으로 들어가고' 싶을 때면 시골이나 교외로 나들이를 간다. 세계 인구의 절반 이상이 크고 작은 도시에서 살고 있기 때문이다.

그런데 자연이 정말 도시의 경계 너머에 존재하는 것일까? 그렇지는 않다. 도시에도 자연이라고 부를 수 있는 것들이 아주 많이 있으니까. 공원이나 주택의 정원, 길가의 가로수, 보도블록 사이로 돋아난 잡초, 광장이나 구름다리 밑의 비둘기…….

이렇게 흔히 볼 수 있는 것들 말고도 눈에 띄지 않는 곳곳이 자연으로 가득 차 있다. 하수도 안에서 뛰어다니는 쥐, 땅속에서 통로를 만드는 두더지, 터널 벽에서 자라는 이끼, 놀이터에 집을 짓는 개미…….

때로는 교외보다 도시의 자연이 훨씬 더 다양한 풍경을 보이기도 한다. 실제로 독일의 수도 베를린에는 꿀벌과 박쥐가 교외보다 더 많이 살고 있다. 교외 지역이 개발되면서 동물들이 먹을 것을 구할 수 없게 되었기 때문이다. 베를린에 있는 공원의 동물원에는 너구리가 살고 있으며, 총리 관저 주변에는 여우 무리가 아예 정착해 있다.

이렇듯 도시와는 좀처럼 어울리지 않을 것 같은 동물들이 너무 많아지자, 시청에서는 '야생 동물 담당관'을 따로 뽑아서 관리를 하기 시작했다. 인간과 아득히 멀어진 줄 알았던 동물들이 이처럼 도시에 정착해 살 거라고 누가 짐작이나 했을까?

비단 베를린뿐만이 아니다. 미국 뉴욕의 센트럴파크에는 코요테가, 스칸디나비아의 도시 외곽 마을에는 고라니들이 돌아다닌다. 인도의 대도시에는 원숭이들이 무리 지어 살고 있고, 이스라엘의 텔아비브 공원에는 자칼 가족이 살고 있다.

따라서 자연을 정의할 때 도시와 농촌을 구분하는 것은 큰 의미가 없다. 그렇다면 자연은 장소와 상관없이 그저 모든 생명체를 뜻하는 걸까? 거실의 화분 속 식물이나 어항 속 금붕어, 집 안에서 키우는 고양이도 자연이라고 할 수 있을까? 만약 거미 한 마리가 천장 한쪽 구석에 거미줄을 친다면 이것도 과연 자연이라 해야 할까? 식탁 위에 놓아둔 딸기에 곰팡이가 피기 시작한다면?

창문 밖의 새와 집 안 새장 속의 새는 어떻게 봐야 할까? 세탁기 속에 사는 곰팡이나 박테리아, 침대 매트리스나 소파에 서식하는 진드기 같은 미세 생물은 대체 뭐라고 불러야 할까?

자연을 이야기할 때 실내와 실외를 구분하는 것은 도시와 농촌을 구분하는 것만큼이나 어려운 문제다. 사전이나 인터넷을 뒤적여 봐도 딱 떨어지는 정답은 보이지 않는다.

다음과 같은 질문도 답을 내기 힘든 것 중 하나다. '자연은 동물, 식물, 곰팡이, 박테리아 같은 생물만 가리키는 걸까? 아니면 암석, 액체, 가스 같은 무생물도 포함할까?' 사람들은 무의식적으로 자연을 살아 있는 것과 연관시키면서도, 산이나 바다도 당연히 자연이라고 생각한다. 그렇다면 우주와 다른 행성은 자연일까? 아니면 우리가 살고 있는 지구에서 펼쳐지는 것들만 가리키는 걸까?

지구의 자연법칙이 우주에서도 똑같이 적용된다면 우주 또한 자연의 범위 안에 넣어야 할지도 모른다. 우주에 존재하는 모든 물질은 '원자'

로 이루어져 있다. 식물, 동물, 균류, 박테리아, 산, 물, 공기, 암석, 구름, 별, 행성, 그리고 인간도……. 그렇기 때문에 이 모든 것을 자연이라고 하기에는 뭔가 좀 이상한 점이 있다. 자동차나 아스팔트 도로, 플라스틱 제품, 원자력 발전소도 자연이라고 불러야 하기 때문이다. 이들은 오히려 자연을 훼손하고 있는데도 말이다.

이번에는 우리가 '자연'이라는 단어를 어떤 식으로 사용하는지 살펴보자. 자연을 뜻하는 영어 단어 '네이처(nature)'는 라틴어 '나투라(natura)'에서 나왔다. 나투라는 '생겨나다', '태어나다'라는 뜻을 가진 동사 '나스키(nasci)'에서 파생되었다.

자연의 어원에 따르면, 스스로 생겨나고 성장하고 번성하는 것이 자연이다. 그러다 언젠가는 사라지겠지만. 순리에 맞거나 꾸미지 않은 것, 혹은 저절로 그렇게 된 것을 표현할 때도 '자연'이라는 단어를 사용한다. "그

것은 아주 자연스러운 일이야."라고 할 때처럼.

'자연'과 '자연스러운'이라는 단어는 공통점이 많다. 둘 다 인간과 관계없이 독자적으로 발전하거나 행동하는 '본래 그러한' 사물이나 생명체를 나타낸다.

무언가가 스스로 변화하는 것은 '자연적인 과정'이고, 사람에 의해서 변화하는 것은 '원하는 과정'이다. 인간과 상관없이 독자적으로 발전하는 사물이나 생명체도 있고, 인간의 의지대로 발전하고 행동하는 사물과 생명체도 있다는 뜻이다.

이러한 구분이 인간과 자연 사이에 경계선을 긋는다. 그 경계선을 사이에 두고 한편은 '자연의 영역'이고, 다른 한편은 '인간의 영역'이다. 우리는 이를 더 명확히 하기 위해 자연과 대비되는 개념인 '문화'라는 단어를 만들어 냈다.

'문화(culture)'는 라틴어 '쿨트라(cultura)'에서 갈라져 나왔다. 옛날에는 '재배', '경작' 등 인간이 스스로 만들고 생산하는 것들을 뜻했지만, 지금은 미술이나 음악 같은 예술적인 활동을 의미한다. 사람의 손길이 더해지지 않은 것이 자연이라면, 문화는 자연에 인간의 영향이 더해진 것을 뜻한다.

재배 식물은 쌀이나 밀, 옥수수처럼 심어서 가꾸는 식물로, 인간이 이용할 목적으로 야생 식물을 선택하고 교배해서 인위적으로 만들어 낸 것이다. 따라서 인류가 멸종하면 몇 년 지나지 않아 쌀이나 밀은 더 이상 존재하지 않을 확률이 높다.

이제 다시 자연이 무엇이냐는 질문에 대답을 해 보자. 산이나 바다, 그리고 정글 어딘가에서 살고 있는 호랑이는 명백히 자연이다. 우리는 그들의 발달에 아무런 영향을 주지 않았고, 그들은 인간이 지구상에 나타나기 훨씬 전부터 존재했으니까. 반면에 논밭, 정원, 공원처럼 인위적으로 만든 것들, 그리고 자동차와 컴퓨터처럼 인간이 없었다면 아예 존재하지 않았을 것들은 문화의 영역이라고 할 수 있다.

이제 모든 게 명확해졌다고? 안타깝게도 그렇지 않다. 진짜 어려운 문제는 이제부터 시작이다.

자연이란 게 아직 있기는 한 걸까?

앞서 말한 대로라면, '개'는 절대로 자연의 일부가 될 수 없다. 인간은 늑대를 길들여 개를 만들었다. 인간이 없었다면 개는 존재하지 않았을 것이다. 인간과 늑대 사이가 가까워지기 시작한 것은 거의 1만 년 전이어서, 그 과정이 어떻게 진행되었는지는 정확히 알 수 없다.

그러나 분명한 것은 개가 원래는 지구에 존재하지 않았던 동물이라는 점이다. 닥스훈트, 비글, 셰퍼드, 세인트버나드, 래브라도 같은 품종의 개는 인간이 교배하고 개량해서 낳은 결과이다. 늑대는 거의 짖지 않지만 인간이 만든 개는 자주 짖는다.

그렇다면 인간이 가까이 사는 동물을 모두 '만들었을까?' 그렇지 않다. 고양이와 말은 우리보다 더 오래전부터 지구에 살고 있었다. 그들의 야생 조상은 1만 년 전에도 지금이랑 거의 같은 모습이었다. 그런데 우리가 이들의 품종을 개량했다. 수세기에 걸쳐 들소를 젖소로 만든 뒤 우유를 제공받았다. 여기서 고양이, 말, 소는 원래부터 자연의 일부지만, 우리가 품종을 개량한 동물들은 자연이 아니라고 해야 할까? 그리고 인간이 없었다면 애당초 생겨나지 않았을 개는 자연과 아무 상관이 없는 걸까?

숲을 들여다보면 상황이 더 묘해진다. 대부분의 숲은 목재나 땔감으로 쓰이면서 여러 차례 벌목되었다가 다시 조성되었다. 말하자면 원시림, 즉 사람의 손이 닿지 않은 자연 그대로의 숲은 거의 존재하지 않는다. 따라서 우리가 숲이라고 부르는 것들은 대개 사람이 만든 것이다. 심지어 나무는 아주 느리게 자라기 때문에 무려 수백 년에 걸쳐서 이루어 낸 결과라 할 수 있다. 그 바람에 산림 지역에 가면 '자연적으로는' 결코 지금의 모습이 아니었을 나무들이 무성하게 자라고 있다.

숲에 사는 동물들도 마찬가지다. 옛날에는 지금처럼 많은 개체 수가 살지 않았다. 숲속에서 사슴과 노루와 멧돼지가 자유롭게 뛰어다니는 이유는 오직 하나, 인간 말고는 딱히 천적이라고 할 만한 게 없었기 때문이다. 인간이 오래전에 고라니와 곰, 늑대들을 숲에서 몰아내 버렸으니까. 그렇다면 지금 숲에 사는 동식물들은 자연이 아니라는 말인가?

강은 또 어떨까? 사람들이 강물의 흐름을 죄다 바꿔 놓았다. 구불구불 흐르던 물줄기를 곧게 펴거나 콘크리트로 덮거나 중간에 댐이 세워 가로막아 버렸다. 물론 도시에 사는 사람들은 강가를 산책하면서 '자연 속에' 있다고 느낄 테지만.

이처럼 사람들이 오랜 시간을 두고 인위적으로 만들고 영향을 끼친 많은 것들은 모두 자연이 아닌 걸까? 만약 그렇다면 지구에 자연이라고 할 만한 게 아직도 존재하는지 진지하게 따져 봐야 할 것 같다. '순수한

자연', 즉 사람의 손길이 닿지 않은 원래의 것들은 지구에 더 이상 존재하지 않기 때문이다.

그동안 인간은 지구에 자신만의 도장을 찍어 가며 엄청난 영향력을 행사했다. 태양을 등질 때마다 깜깜해졌던 지구의 밤은 휘황찬란한 불빛들로 대낮같이 밝아졌다. 열대 우림은 바둑판처럼 네모반듯한 논밭으로 바뀌었고, 해안선에는 기하학적인 구조물들이 줄줄이 세워졌다. 일찍이 숲과 강이었던 땅은 도로와 다리, 마을로 그물망처럼 촘촘하게 엮이었다. 수많은 야생 동물들이 살던 곳은 우리에게 유용한 먹거리를 제공하는 농장으로 바뀌었다. 이제 포유동물 중에서 야생 동물은 3%밖에 되지 않는다.

사람들은 육지의 4분의 3 이상을 바꾸어 놓았다. 심지어 세계에서 가장 높은 에베레스트산과 가장 깊은 곳에 있는 마리아나 해구처럼 외딴 곳에도 흔적을 남겼다. 그리하여 기후와 계절의 흐름을 바꾸어 놓았다. 동식물의 서식지에도 큰 영향을 미쳤다. 그들은 인간이 만들어 둔 조건에 적응하거나 다른 서식지를 찾아 떠날 수밖에 없다. 이 과정에서 수많은 종들이 멸종되고 있다.

인간이 의도한 자연의 영역과 인간의 영역, 혹은 자연과 문화 사이의 구분을 따른다면 '자연은 대체 무엇인가?'라는 질문이 불필요해진다. 지구상의 거의 모든 것이 이제는 문화이며 인간의 영역에 속하기에, 자연은 더 이상 존재하지 않는다는 결론에 다다르기 때문이다. 따라서 '인류세'라는 명칭을 부여하는 것이 너무나 당연하게 느껴진다. 실상은 그렇게 단순하지만은 않지만.

'자연이란 대체 무엇인가?'라는 질문에 정확히 대답할 수 없는 것은 인간과 자연의 관계가 생각보다 미묘하고 복잡해서이다. 자연이 무엇인지 정확히 안다면 훨씬 더 잘 대처할 수 있을 것이다. 그러나 자연은 늘 똑같은 상태가 아니라 인류의 역사와 함께 끊임없이 변화해 왔다. 자연 그 자체의 변화도 있었지만, 자연을 바라보는 인간의 관점과 이해가 계속해서 바뀌었다.

석기 시대 사람에게는 자연이 곧 세계였다. 기록이 남아 있지 않기 때문에 어떻게 생각했는지 확실하게 알 수는 없지만, 동굴에 남긴 그림으로 미루어 봐서 그들이 자연을 신성시했을뿐더러 스스로를 자연의 일부로 생각했다는 것을 짐작할 수 있다.

고대 그리스 시대의 자연도 지금 우리의 시선과 같은 개념은 아니었다. 사람들에게 자연은 저마다 신성한 존재(신)를 상징했으며, 이 신들은 고대 세계 질서의 기초가 되었다. 사람들은 동식물을 자세히 묘사하는 데 관심을 가지면서 살아 있는 생물들의 서열을 매기기 시작했다.

중세 기독교 시대에는 자연 속 모든 것을 신의 창조물이라고 여겼다. 이제 자연은 신을 닮은 인간에게 맡겨져 '정복'하고 소유해야 마땅한 것이 되었다. 그러다가 17세기로 접어들면서 자연 과학과 함께 완전히 새로운 개념이 등장했다. 관찰과 실험을 통해 과학적으로 연구할 수 있는

대상이 된 것이다. 비는 어떻게 해서 내리는 걸까? 물은 무엇으로 구성되어 있을까? 동물은 왜 저런 방식으로 행동할까? 사람들은 수없이 많은 질문을 던지고 답을 찾으려 애썼다.

이즈음에서 자연은 이해해야 하는 연구의 대상인 동시에 통제해야 하는 것이 되었다. 그 당시 가장 영향력 있는 사상가였던 데카르트는 "인간은 과학적 지식을 통해 자연의 소유자이자 지배자의 위치로 올라서야 마땅하다."라고 말했다. 이때에 물리학, 화학, 생물학, 지질학 등 다양한 학문이 생겨났다. 그러나 자연과 깊은 연관이 있는 생태학은 그로부터 한참 후인 19세기가 되어서야 나타났다.

우리의 일상이 빚어낸 모순된 행위

하나의 거대한 톱니바퀴처럼 그 안에 있는 모든 것이 일목요연하게 배열된 채 서로 맞물려 돌아간다. 확실한 원칙에 따라 작동하며, 저마다 지정된 자리에서 특정한 기능을 수행한다. 정글에서 희귀종인 원숭이를 찾거나, 바다에서 상어를 연구하거나, 초원에서 개미나 균류를 연구하는 과학자라면 아마도 자연에 대해 이런 이미지를 갖고 있을 것이다.

자연 다큐멘터리를 보는 시청자나 학생들은 수업 시간에 지구의 기후, 진화, 화학 원소, 생물의 특징에 대해 배우면서 자연을 이해한다. 이것 말고도 자연을 이해하는 방식은 다양하다. 산을 오르고 사막을 횡단하며 홀로 바다를 건너는 것을 목표로 삼는 모험가들은 자연을 오로지 도전 과제로 여긴다.

예술가들은 자연에 대해 전혀 다른 개념을 가지고 있다. 초원 위에 캔버스를 세워 놓고 그림을 그리는 화가들에게 자연은 연구 대상도 야생도 아니다. 그저 숭고하거나 아름답거나 두려운 존재일 뿐이다. 화가들은 자연을 있는 그대로 묘사하기도 하고, 자연을 바라보며 느끼는 것을 그려 내기도 한다.

독일의 표현주의 화가인 프란츠 마르크나 네덜란드 후기 인상주의 화가인 빈센트 반 고흐의 유명한 풍경화를 보면, 그림 속에서 동물과 식물을 정확하게 구별하기가 어렵다. 실제와는 다른 색상과 형태를 띠고 있는 데다 배경과 마구 뒤섞여 있기 때문이다. 심지어 마르크는 말에게 영혼이 있다는 걸 보여 주기 위해 온통 파란색으로 칠하기까지 했다.

그렇다면 기업가나 농부도 자연에서 숭고한 것을 보고 느낄까? 아마도 아닐 것이다. 그들의 주된 관심사는 자연을 유용하게 활용하는 데 쏠려 있기 때문이다. 농부는 논밭을 경작해 곡식을 수확하고, 기업가는 땅속에서 석유를 퍼 올려 휘발유와 플라스틱으로 가공하는 데 열을 올린다. 또 나무를 베어다가 가구와 종이를 생산한다.

기업가에게 자연이란 개발해서 돈을 벌 수 있는 거대한 자원의 저장소이다. 그것은 석유, 석탄, 가스 같은 천연자원일 수도 있고 희귀한 암석이나 광물일 수도 있다. 심지어 그 대상이 동식물처럼 살아 있는 것일 수도 있다.

이와 반대로 자연을 보호해야 한다고 생각하는 사람들도 있다. 그들은 자연에서 커다란 경외심을 느끼고, 어떻게든 보존하기 위해 위험을 무릅쓰며 투쟁에 나선다. 그 밖에 자연을 일상에서 벗어나 휴식을 취하

는 장소로 보는 사람들도 있다. 어쩌면 대부분의 사람들이 그럴 것이다. 숲속을 산책하고, 강을 따라 자전거를 타고, 휴가 중에는 대자연이 펼쳐내는 장관에 감탄하고, 더없이 멋진 풍경을 배경 삼아 셀카를 찍는다. 그러고는 다시 집으로 돌아간다. 이렇듯 사람들은 자연에 대해 저마다 매우 다른 견해를 가지고 있다.

그래서 어떤 사람들은 자연에서 매혹적이고 아름다운 것을 보는 반면, 어떤 사람들은 잔인하고 무자비한 것을 본다. 누군가에게는 자연이 거칠고 예측 불가능한 것이지만, 또 다른 누군가에게는 질서 있고 탐색 가능한 것으로 다가온다. 어떤 이는 자연을 강력하고 압도적으로 느끼고, 다른 이는 위태롭고 연약하다고 생각한다.

정원에 앉아 자연을 느끼는 사람이 있는가 하면, 정글이나 험준한 산만이 자연이라 여기는 사람도 있다. 또 자연에 관심조차 주지 않는 이들도 있으며, 못 견딜 만큼 갈망하며 그리워하는 이들도 있다. 자연을 지배하려는 사람도, 자연을 보존하려는 사람도, 자연으로 돌아가기를 원하는 사람도, 필요에 맞추어 자연을 변화시키려는 사람도 있다.

이토록 다양하고 상반된 관점이 있기에 전 세계 사람들이 격렬하게 싸우는 것이다. 어떤 사람들은 자연을 이용하고 싶어 하고, 어떤 사람들은 그대로 보존하고 싶어 하니까.

과연 숲은 그대로 보존해야 할까? 아니면 석탄을 캐거나 공항을 짓기 위해 개발해야 할까? 전기를 생산하기 위해 강에 댐을 세워야 할까? 아니면 동물과 식물들이 아무런 방해도 받지 않고 살 수 있도록 보호해야 할까?

자연에 대해 상반되는 견해를 동시에 취하는 경우도 종종 발생한다. 예를 들어 과학자들은 자연을 연구의 대상이자 모험을 하는 야생의 세계로 보기도 했다. 실제로 19세기의 자연 연구자들은 모두 모험가였다. 자원을 채취해 이익을 얻는 기업가들은 자연을 휴양지로 이용했다. 이렇게 우리의 일상은 모순되는 행동으로 가득 차 있다.

이른바 친환경 제품이나 유기농 제품을 구입하고, 쓰레기를 분리해서 버리며, 지붕에 태양광 패널을 설치해 자연을 보호하려는 사람들도 자연에 해를 끼치는 일을 한다. 먼 나라로 비행기를 타고 여행을 떠나고, 아이들을 차에 태워 학교에 데려다주며, 음식물을 버리거나 해마다 새로 나온 휴대폰을 구입하기 때문이다.

이렇게 다양한 관점과 모순이 있기에 사람들은 '자연이란 무엇인가?'라는 질문에 명확한 답을 내놓지 못하는 것이다. 자연은 쉬지 않고 변화한다. 심지어 우리가 바라보는 관점에 따라 달라지기도 한다. 그런데 이러한 관점들에는 한 가지 공통점이 있다.

인간은 자연의 일부이다

우리는 어떤 경우에서든 거리를 두고 자연을 '바라본다'는 점이다. 마치 캔버스에 그려진 그림이나 연극 무대의 배경처럼, 자연이 우리와 완

전혀 분리된 별개의 세계인 것마냥 말이다. 그리고 이러한 자연을 가리키기 위해 '환경'이라는 단어를 만들어 냈다.

'환경(environment)'은 '둘러싸고 있는 지대', 즉 '외부 세계'를 뜻하는 덴마크어 '옴베르덴(omverden)'에서 유래했다. 이 단어를 자세히 들여다보면 기가 막힐 정도로 독창적이라는 것을 알 수 있다. 자연은 그저 우리 주변을 둘러싸고 있을 뿐이지만, 환경은 우리가 태어나서 살아가는 세계이다. 우리에게 숨 쉬는 공기, 마시는 물, 먹을 음식을 제공한다. 따라서 '환경 친화적'인 행동이나 '환경 보호'는 우리에게 득이 되는 일이다.

우리는 자연을 인간과 분리된 별개의 세계로 인식한다. 그래서 자연이라는 세계를 어떻게 다루어야 할지, 어떻게 대처해야 하는지 끊임없이 묻다가 결국 커다란 혼란 속으로 빠져드는 것이다. 여기서 진실은 하나다. 우리는 결코 자연을 다룰 수도 없고 맞설 수도 없다. 우리가 바로 그 세계이기 때문이다.

언제나 우리가 원하는 대로 할 수 있는 '인간의 영역'은 존재하지 않는다. 지구상에서 일어나는 다른 일로부터 영향을 받지 않는, 말하자면 완전히 독립된 영역은 없다. 한때 자연이었던 것을 제거하거나 변화시켜 통제하는 것도 불가능하다. 즉 환경은 없다. 단지 하나의 세계가 있을 뿐이다. 인간이 자연에 관해 모든 것을 알고 통제할 수 있다는 의미에서라면 '인류세' 또한 존재하지 않는다.

이 세상 모든 것이 자연은 아니지만, 지구상에 존재하는 모든 생물은 분명히 자연이다. 얼마나 크고 작은지, 날개나 지느러미가 있는지 따위는 상관이 없다. 코로 공기를 마시든, 아가미로 호흡을 하든, 발로 움직이든, 땅에 뿌리를 내리고 있든……, 이 역시 아무 상관이 없다.

이 원칙은 열대 우림의 나무, 사바나의 사자, 바다의 상어, 하늘의 까마귀는 물론이고, 아파트의 고양이, 공원의 다람쥐, 사무실의 화분, 매트리스 속의 진드기에게도 적용된다. 마찬가지로 인간도 자연의 일부다. 그게 진실이다.

하지만 그렇게 생각하는 사람들은 거의 없다. 아메리카 원주민들은 아주 오랜 옛날부터 인간과 동식물이 아주 거대하고 조화로운 하나의 세계를 형성하며, 모두가 '어머니인 대지'의 자녀라고 굳게 믿었다. 그러나 그들은 이제 지구상에 몇 남아 있지 않다.

대다수의 사람들은 모든 생명체가 서로 떼어 놓을 수 없는 세계에 속한 일부분이라는 생각에 부정적인 반응을 보인다. 물론 이런 생각에 금방 공감하거나 이해하기는 쉽지 않을 것이다.

이쯤에서 이 장을 시작하면서 시도했던 간단한 과제를 떠올려 보자. 여러분이 보고, 듣고, 냄새 맡고, 느꼈던 것. 들판, 새, 바람, 버섯, 다람쥐, 나무, 눈, 그리고 그 밖의 모든 것이 바로 자연이라고? 정말로?

이제 이 문제를 좀 더 가까이에서 들여다보자. 아니, 차라리 아주아주 멀리서 살펴보는 게 어떨까? 저 멀리 우주에서 말이다.

제3장

우주 속의 유일무이한 행성, 지구

"여기가 우리 집이다. 우리가 알거나 사랑하는 이들이
햇빛을 받아 춤추는 아주 작은 티끌에서
기쁨과 슬픔을 느끼며 하루하루를 살아간다."

칼 세이건

우주에서 바라보는 지구의 모습

우리가 살고 있는 세상을 떠나기 위해 굳이 오래 여행을 할 필요는 없다. 성능 좋은 로켓이 단 십 분 만에 우리를 우주로 데려다줄 테니까. 어디에서 출발하는가에 따라 조금 다르겠지만, 대략 몇 시간 후면 약 400킬로미터 높이에서 구십 분마다 한 번씩 지구 둘레를 도는 국제 우주 정거장 ISS에 도킹할 수 있다. 이 여행에서 보게 되는 것들은 우리의 숨을 멎게 할지도 모른다.

지난 수십 년 동안 지구를 떠났던 우주 비행사들은 하나같이 우주에서 지구를 처음 내려다보던 순간을 '미처 예상하지 못했던 압도적인 경험'이었다고 묘사했다. 물론 그들은 우주에서 찍은 사진을 미리 보았기에 지구가 어떤 모습을 하고 있는지 이미 알고 있었다. 5대양 7대륙을 꼼꼼하게 그린 지도와 지구본도 당연히 아주 오래전부터 있었다. 하지만 우주의 어둠 속에 두둥실 떠 있는 지구를 두 눈으로 직접 보는 것은 전혀 다른 차원의 일이다. 지구가 진짜 아름답기 때문이다.

우주 비행사들은 정거장에 머무르는 동안 지루할 거라고 생각해 여러 권의 책을 챙겨 갔다. 그러나 그곳에서 책장을 펼친 사람은 거의 없었다. 잠시라도 틈이 날 때면 지구를 가만히 바라보며 자유 시간을 만끽했다. 옅은 파란색의 아치형 지평선, 푸른 바다, 황적색 사막, 갈색이 뒤섞인 초록 숲, 지그재그 모양의 해안선, 우뚝 솟은 산맥, 극지방의 반짝이는 얼음 모자, 허리케인의 거대한 소용돌이 구름…….

지구는 드넓은 평원과 굽이쳐 흐르는 강, 우뚝 솟은 산, 깊은 계곡, 빙하, 화산, 숲, 정글, 바람, 그리고 폭풍으로 이루어진 행성이다. 특히 태양빛을 받아 반짝이는 거대한 바다의 행성이다. 우리 조상들이 지구의 3분의 2가 바다로 뒤덮여 있다는 사실을 진작 알았다면, 이 세계를 땅 지(地) 자를 쓴 '지구'가 아니라 물 수(水) 자를 써 '수구'라고 불렀을지도 모른다.

우주에서 지구를 직접 바라보는 경험을 그토록 감동적으로 만드는 데

는 또 다른 요인이 있다. 아주 얇은 공기층으로 둘러싸인 채 무한한 우주에 덩그러니 떠 있는 지구를 바라보고 있노라면, 숨 막힐 정도로 아름다운 행성 그 이상의 존재, 즉 '우리의 집'이라는 사실을 새삼스레 깨닫게 된다고 한다.

훗날 지구로 돌아온 우주 비행사들은 우주 정거장에 머무르는 동안, 지구와 깊이 연결되어 있음을 느꼈다고 보고했다. 그렇다면 이 세상이 얼마나 아름다운지 깨닫기 위해서, 또 우리 자신이 지구와 어떻게 연결되어 있는지 느끼기 위해서 무조건 우주로 떠나 봐야만 하는 걸까?

아주 작고 희고 푸른 점 하나, 지구

세상 사람들이 모두 우주 비행사가 될 수는 없다. 1960년대 초에 우주 비행이 시작된 이래, 지금까지 600명이 채 안 되는 우주 비행사만이 지구를 떠났다. 그러나 우주 비행사들이 지구 사진을 찍어서 인터넷에 올리거나 소셜 미디어 채널에 공개하기 때문에 일반인들도 얼마든지 지구의 모습을 볼 수 있다.

심지어 국제 우주 정거장의 비디오카메라는 지난 몇 년 동안 지구의 모습을 생중계해 주기도 했다. 비록 그 카메라는 얼마 전에 꺼졌지만 영상은 여전히 미국 항공 우주국(NASA)의 웹 사이트에서 찾아볼 수 있다. 다시 말해, 우리도 ISS와 함께 1시간 30분마다 한 번씩 지구 둘레를 돌 수 있다는 거다. 물론 실시간 영상은 아니지만.

이보다 더 먼 거리에서 지구를 찍은 사진도 있다. 1960년대 후반과 1970년대 초, 달 탐사 임무를 수행하던 우주 비행사들은 우주를 배경으로 지구 사진을 찍었다.

그중 가장 유명한 것은 1968년 12월에 찍은 사진으로, 달 위로 지구가 '떠오르는' 모습을 보여 주기 때문에 '지구돋이'라고 불린다. 이만큼 떨어진 거리에서 보면, 우리 세계가 얼마나 작고 외로운지 저절로 깨닫게 된다. 약 40만 킬로미터 떨어진 달에 서서 지구를 바라보면, 우리 행성이 어두운 우주 속을 굴러가는 유리구슬보다도 더 작게 보인다.

마지막으로 무인 탐사선이 아주 먼 곳에서 찍은 지구 사진도 있다. 1990년에 우주선 '보이저 1호'는 지구에서 약 60억 킬로미터 떨어진 곳을 지나고 있었다. 명왕성 궤도 부근에서 지구 사진을 찍은 뒤 관제 센터로 보냈다. 이 사진을 통해서 우리는 우주에서 희미하게 빛나는 아주 작은 점 하나, 즉 지구의 모습을 보게 되었다. 먼 거리에서 확인할 수 있는 태양계의 다른 행성들과 달리 지구는 '푸른색'이다.

앞서 말했듯이 지구의 70%는 바다이고, 물은 파란색을 반사하는 특성이 있다. (이것은 공기에도 똑같이 적용된다. 그래서 하늘을 올려다보면 파란색으로 보인다.) 그러나 우주에서 보는 지구의 푸른색에는 하얀색이 약간 섞여 있다. 지구가 평소에 흰 구름으로 덮여 있기 때문이다.

이렇게 색깔을 제외하면 보이저 1호가 보내온 사진 속의 지구는 광대한 우주에서 밝게 빛나는 수십억 개의 다른 점들과 딱히 차이가 나지 않는다. 인류의 모든 역사가 일어나는 곳, 지구는 결국 우주 속의 희고 파란 작은 점 하나에 지나지 않는 셈이다.

사람들은 아주 오래전부터 자신이 둥그런 공 모양의 물체 위에 집을 짓고 살고 있다는 걸 알고 있었다. 콜럼버스가 아메리카 대륙에 도착한 뒤에야 비로소 지구가 평평하지 않고 둥글다는 것을 깨달았다는 말은 사실이 아니다. 이 말은 훗날 사람들이 지어낸 이야기다.

콜럼버스보다 이천 년 앞서 살았던 그리스와 로마의 철학자들은 지구가 공 모양이라는 사실을 이미 발견했다. 심지어 이 공의 지름을 상당히 정확하게 계산해 내었다. 이러한 과학 지식이 중세로 접어들면서 사라졌을 리가 없다. 인류 역사를 통틀어, 지구가 평평하다고 확신한 사람은 그리 많지 않았다. (물론 오늘날에도 '지구 평평설'을 믿는 사람들은 여전히 존재한다. 이들은 우주에서 찍은 지구의 사진과 영상이 모두 가짜라고 우긴다.)

'행성(planet)'이라는 단어는 '헤매다', '방랑하다'를 뜻하는 고대 그리스어 '플라나오마이(planaomai)'에서 유래했다. 이 말은 '방랑자' 또는 '나그네'를 뜻한다. 즉 옛날에는 행성이 우주를 아무 목적 없이 날아다니는 것으로 보았으며, 지구에서 맨눈으로 볼 수 있는 천체라고 생각했다.

물론 중세 말기까지만 해도 대부분의 사람들은 지구가 우주 만물의 한가운데에 자리하고 있으며, 태양과 다른 행성들이 지구를 중심으로 돌고 있다고 믿었다. 가톨릭교, 이슬람교, 힌두교, 불교 등 세계의 모든 종교는 사람들이 언젠가 우주선을 타고 지구 밖으로 떠날 수 있으리라고는 꿈도 꾸지 못하던 시대에 생겨났다. 그때만 해도 지구는 모든 세계관의 중심에 있었다. 그래서 지구가 태양계의 수많은 행성 가운데 하나일지도 모른다는 생각은 완전히 잘못된 것으로 여겨졌다.

그러나 가톨릭교회가 언제까지고 계속해서 과학적 계산의 결과를 부정할 수는 없었다. 그 당시 지동설을 주장했던 대표적인 과학자 니콜라우스 코페르니쿠스와 갈릴레오 갈릴레이가 다른 행성들과 마찬가지로 지구가 태양을 도는 것이지, 태양이 지구를 도는 게 아니라는 사실을 밝혀냈기 때문이다. 그 후 수세기 동안 과학적 연구가 계속 보태지면서 지구가 우주에서 특별한 자리를 차지하고 있다는 관점은 뿌리째 흔들렸다.

더 나아가, 태양은 우리 은하계에 있는 수십억 개 태양 중 하나일 뿐이며, 우리 은하계 또한 계속해서 확장하는 우주에 존재하는 수십억 개의 은하 중 하나일 뿐이라는 사실이 밝혀졌다. 또, 최근에는 우리 태양계뿐만 아니라 우주 곳곳에 하나의 태양을 중심으로 도는 수많은 행성이 있다는 관측 결과가 나왔다. 행성은 항성과 달리 스스로 빛을 내지 못하는 까닭에 직접 관찰할 수가 없어서 이 같은 사실이 오랫동안 알려지지 않았을 뿐이다.

사람들은 지구에서 별이 빛나는 하늘을 관찰하고 예측하고 계산함으로써 아주 많은 사실을 밝혀냈다. 지구의 지름이 1만 2천 킬로미터 이상이고, 우주는 거의 140억 년 전에 생겨났으며, 지구는 약 45억 년 전에 우주 먼지가 한 덩어리로 뭉쳐지면서 형성되었다는 사실을 말이다. 그것 말고도 지구가 초속 29킬로미터의 속도로 태양의 둘레를 돌고 있으며(공전), 24시간마다 한 번씩 스스로 고정된 축을 중심으로 회전(자전)한다고 계산했다.

그러나 그 모든 것을 예측하고 계산하는 것과 그것을 실제로 깨우치는 것 사이에는 아주 큰 차이가 있다. 사람들은 1960년대에 우주에서 찍은 지구의 사진들을 접한 뒤에야 우리가 하나의 행성에서 살고 있다는 사실을 알아차렸다. 비로소 새로운 '행성의 시대'가 열리면서 전 세계적으로 환경 운동이 일기 시작했다. 지구가 보존되어야 하는 '하나의 세계'라는 사실이 분명해졌기 때문이다. 곧 '지구의 날'이 선포되었고, 해마다 4월 22일이 오면 전 세계 사람들이 환경 오염의 심각성을 알리기 위해 다양한 행사를 열고 있다.

우주에 떠 있는 '푸른 행성' 지구의 이미지는 지금 국제 환경 협약의 주요 상징물로 사용되고 있다. 기후 관련 시위에서 사람들은 "두 번째 지구는 없다!", "초콜릿이 있는 유일한 행성, 지구를 구하자!", "지구가 내 남자 친구보다 더 뜨거워요!"와 같은 문구가 적힌 표지판을 높이 들어 보인다. 언젠가부터 우리는 지구가 마치 환자라도 되는 양 이야기하고 있다.

그러면서 '지구의 현재 상태는 어떤지', '지구가 우리에게 도움을 요청하고 있는지'를 묻기 시작했다. 어느새 우리 모두가 ISS에 머무르는 우주 비행사들처럼 지구와 깊이 연결되어 있다고 느끼게 된 걸까? 아마도 그건 아닐 것이다. 만약 그랬다면 지금 이 순간에도 일어나는 환경 관련 시위들이 필요하지 않을 테니까.

둥그런 공 위에서 산다는 것의 의미는?

사람들이 매 순간 지구를 의식하면서 생활하는 건 아니다. 우리가 서 있는 발아래 땅이 둥글다는 걸 잘 알지만, 들판에 나가 하늘과 맞닿은 지평선을 볼 때면 땅이 완전히 평평하게 보이는 것도 사실이다.

이론적으로 우리가 초속 29킬로미터의 속도로 날아가고 있는 걸 알면서도, 지구가 태양의 둘레를 달리는 이 미친 속도를 전혀 눈치채지 못한다. 그저 우리가 한자리에 가만히 서 있는 것처럼 여길 뿐이다. 우리는 중력에 의해 지구와 단단히 연결되어 있으며, 다행스럽게도 행성은 진공 상태의 우주 공간을 통과하기에 빠르게 날아가는데도 바람을 일으키지 않는다.

마찬가지로, 우리는 지구가 24시간마다 한 번씩 자전한다는 것도 알고 있다. 자전의 결과인 낮과 밤을 날마다 직접 확인하기 때문이다. 그런데도 이 같은 사실을 무시한 채 해가 뜨거나 진다고 말한다. 정확하게 표현하자면, 지구의 지평선이 태양 위로 회전하는 것이지만 어느 누구도 그렇게 말하지 않는다.

우리는 우주 한가운데에 있는 아주 작은 먼지 덩어리 위에 살고 있다는 사실을 알지만, 땅에 누워 하늘을 올려다보노라면 이 세상이 엄청나게 커 보인다. 지구를 둘러싸고 있는 얇은 껍질에 불과한 하늘도 거의 무한한 것처럼 느껴진다. 발아래 지구는 무척 안정적이고 고요하게 느껴지기 때문에 우리가 구슬 위에 있다는 걸 굳이 의식할 필요가 없다. 우리 삶에서 훨씬 더 중요한 것은 가족과 친구, 마을, 도시, 또는 나라이다.

지구에서 바라보는 지구는 행성이 아니라, 우리 삶이 펼쳐지는 하나의 세계이다. 사람이 태어났을 때 누군가 세상에 나왔다고 하지, 행성에 나왔다고 말하지는 않는다. 결국 우리에게 지구가 둥그런 공 모양인지 아닌지는 중요하게 여기지 않는다. 지구가 엄청나게 거대한 식빵이어도 좋고, 잔뜩 웅크린 채 수십억 년 동안 잠자고 있는 고양이라 해도 상관없다고 할지도…….

하지만 실제로는 그렇지가 않다. 스스로 자전을 하며 태양의 둘레를 공전하는 둥그런 공 위에서 사는 것은, 그렇지 않은 것과 엄청난 차이가 있다.

첫째, 지구가 둥글다는 사실을 받아들이기 어렵게 만드는 상황이 여럿 존재한다. 좀 더 정확히 말하면, 지구는 완전히 둥글다고 말할 수도 없다. 어떤 곳들은 움푹 들어가 있고, 어떤 곳은 하늘 높이 솟아 있기 때문이다. 그러나 전체적으로 본다면 지구는 대체로 둥그런 공 모양이긴 하다. 지구 위 어느 곳에서건 똑바로 나아간다면 언젠가는 처음 출발한 장소에 도착하게 될 것이다. 이는 우리가 살고 있는 세상이 엄청나게 커 보여도 결코 무한하지는 않다는 걸 뜻한다.

결국 지구에서 끝이 없는 것이란 존재하지 않는다. 우리 행성은 분명 일정한 양의 암석과 물, 공기, 그리고 기타 요소로 구성되어 있다. 필요하다면 그 양을 아주 정확하게 측정할 수도 있다. 가령 지구상의 모든 바다, 강, 호수, 개울, 얼음판을 합치면 약 1,386조 리터의 물이 존재한다. 이는 실로 엄청난 양이다. 여기서 중요한 것은, 이보다 더 많은 양의 물은 존재하지 않는다는 사실이다. 딱 이만큼만 있다.

우리가 지상에서 행하는 모든 일에는 한계가 있다. 땅에서 아주 많은 양의 석유와 석탄, 가스를 얻을 수 있지만 언젠가는 모두 고갈될 수밖에 없다. 식량도 마찬가지다. 지금은 일정한 양을 생산해 내지만, 어느 시점에 이르면 더 이상 농사지을 땅이 없을지도 모른다. 도시조차도 일정한 한계까지만 성장할 수 있다. 우리가 건설할 수 있는 가장 큰 도시는 아마도 지구 전체를 덮는 것이 고작일 테니까.

그나마 지구상에 무한하게 존재한다고 말할 수 있는 것이 딱 하나 있다. 바로 태양의 에너지이다. 태양의 에너지는 아마 앞으로도 수십억 년 동안 지속될 것이다. 그러나 그것은 지구에서 생겨나는 것이 아니다.

둘째, 지구에는 다른 곳과 아무 관계 없이 완전히 독자적인 장소는 하나도 없다. 이 또한 일상생활에서는 그렇게 보이지 않는다. 지구는 인간과 비교하면 정말이지 너무나 거대한 행성이기 때문이다. 사람들은 자기가 살고 있는 마을 외에도 다른 마을들이 많이 있다는 사실에 특별히 관심을 갖지 않은 채 한 마을에서 태어나 죽을 때까지 평생을 보낼 수도 있다. 따라서 자신이 행성에 살고 있다는 사실을 알지 못하는 사람이라면 그 너머에 또 다른 세계, 즉 마법과도 같은 '외부'가 존재한다고 생각할 수도 있다.

쓰레기 처리 방식을 예로 들어 볼까? 날마다 생겨나는 쓰레기를 우리가 사는 곳 바깥의 어딘가, 즉 '외부'에 버린다. 그러고 나서 쓰레기를 태운다. 매립도 마찬가지다. 단지 가스 형태로 바꿔서 대기 중에 내다 버린다는 것 외에 아무런 차이가 없다. 우리 눈에 보이지 않기에 상관없다고 여기는 그곳에 말이다.

우리는 "쓰레기를 버린다."고 말한다. 그런데 지구에다 아무것도 내다 버릴 수가 없다. 마법 같은 그 '외부'가 실제로는 존재하지 않기 때문이다. 우리가 행하는 모든 것은 바로 이 지구 위에서 일어나는 일이다.

셋째, 만약 누군가가 하나의 행성에 살고 있다면 그것은 그 사람이 가진 전부이다. 물론 그렇다고 해서 우주에 지구만이 홀로 있다는 뜻은 아니다. 지구는 우주라는 거대한 전체의 일부분이다. 우리의 태양계는 수많은 행성과 혜성, 그리고 다양한 크기의 운석으로 가득 차 있다. 이들은 때때로 지구를 향해 돌진하기도 한다. (다행히도 대부분은 너무 작아서, 대기층을 지나며 활활 불타올라 사라진다. 우리는 그것들이 떨어지는 모습을 신기한 눈으로 지켜보며 별똥별이라 부른다.)

우리 태양계는 또 다른 행성들과 달이라 불리는 위성들로 가득 차 있다. 그것들은 결코 지구를 대체할 수 없다. 설사 미래의 어느 날 달이나 화성에 연구 기지나 작은 식민지가 세워진다 할지라도, 우리는 땅을 파서 만든 보호 거주지 안에서만 살아남을 수 있을 것이다. 우주 전체와 마찬가지로, 다른 행성이나 달은 우리에게는 매우 치명적인 방사선에 노출되어 있으니까.

지구에서는 대기 중의 수증기가 그 치명적인 방사선으로부터 우리를 보호해 준다. 하지만 달이나 화성에는 이 같은 대기층이 없다. 설사 화성의 보호 거주지에서 살아남을 수 있다 할지라도 얼마나 많은 사람이 그곳에 들어가 살 수 있을까? 오십 명? 백 명? 그 숫자는 기껏해야 인류의 극히 일부에 불과하다. 그렇다면 나와 우리 가족이 그 숫자 안에 포함될 가능성은 과연 얼마나 될까?

과학자들은 우리 태양계 밖의 행성들과 관련해서 아주 많은 것을 밝혀내고 있다. 그들은 우리와 '영원'이라고 말할 만큼 멀리 떨어져 있다. 우리 태양계에서 가장 가까운 별인 알파 센타우리는 지구에서 4광년 이상 떨어져 있다. 지금의 우리 우주선은 빛의 속도보다 훨씬 느리게 비행하기 때문에 켄타우루스자리의 1등성인 알파 센타우리에 도착하기까지는 약 2만 년의 시간이 걸린다.

최근에 인공위성 하나가 7개의 행성을 거느린 태양계를 발견했는데, 그중 3개의 행성은 지구와 무척이나 흡사해 보인다고 한다. 그러나 우주선을 타고 그곳까지 날아가는 데 약 2만 년, 그러니까 인간의 수명으로 계산하다면 대략 칠천 세대가 걸린다. 따라서 그곳에 가려는 사람은 자신의 까마득히 먼 손자의 손자의 손자의 손자들이 비로소 목적지에 도착할 것이라는 사실을 알고 우주선에 탑승해야 한다.

"두 번째 지구는 없다!"는 말은 환경 파괴에 반대하는 시위대가 내건 슬로건에서 자주 보이는 문구이다. 물론 시위대가 외쳐 대는 문구들이 때로는 엉뚱하게 들릴 때도 있지만, 이 말만큼은 적어도 분명한 사실이다. 우주는 진정 너무나도 크고, 사람이 살 수 있을 만한 행성은 아주 멀리 떨어져 있다. 그래서 지구 밖 어딘가에서 우리 인간이 살 수 있을 두 번째 지구를 찾는다는 것은 지금으로서는 거의 불가능에 가깝다. 결국 지구는 우리가 가진 전부인 셈이다.

그러나 이러한 상황조차 우주에서 인류의 미래를 찾으려는 이들의 생각을 막지는 못한다. 그들은 공상 과학 영화에서처럼 환상적인 기술로 화성을 두 번째 지구로 바꿔 놓거나, 빛의 속도보다 빠른 우주선을 타고 지구와 흡사한 행성으로 날아가기를 꿈꾼다. 그러면서 지구가 설사 어느 시점에 이르러 완전히 망가진다 할지라도 인류가 다른 어딘가로 이주한다면 별다른 문제가 없을 것이라고 상상한다.

그러나 그런 생각은 위험하기 짝이 없는 착각이자 망상이다. 단지 기술적으로 가능하지 않은 일이기 때문만은 아니다. 그 같은 생각은 우리가 살고 있는 지구에 대한 관심과 사랑을 엉뚱한 데로 돌려 끝내는 망가뜨릴 것이기 때문이다. 우리의 자식들과 손자들, 그리고 그들의 자식들과 손자들, 그리고 그들의 자식들과 손자들이 대를 이어 살아갈 우리 지구를 말이다.

지구는 그저 하나의 별난 행성이 아니다. 우주 전체에 단 하나밖에 없는 아주 특별한 존재이다. 각각의 행성은 어떤 면에서는 모두 다 특별하다. 그 어떤 것도 서로 똑같지 않기 때문이다.

지구도 마찬가지다. 설사 우주 어딘가에 지구와 꼭 닮은 행성들이 있다 할지라도 그것은 지구가 아니다. 이 같은 말은 너무나 당연해서 진부하게 들릴지도 모르겠다. 하지만 더없이 중요한 사실이다.

생명체만이 가지는 조건

지구를 그처럼 특별하게 만드는 것은 과연 무엇일까? 이에 대한 답은 아주 명백하다. 우리 태양계의 다른 행성이나 달과 달리, 지구에는 생명체가 있다. 그렇다! 지구는 생명체로 가득 찬 행성이다.

지구의 생명체는 가장 높은 산과 가장 깊은 바다, 극지방의 차가운 추위와 뜨거운 사막, 대기권의 상층과 숨겨진 동굴의 아득히 깊은 곳 등 곳곳에 아주 다양한 형태로 존재한다. 그 외에도 암석과 바위, 민물과 바닷물, 공기와 땅, 눈과 화산, 그리고 우리가 살고 있는 건물의 가장 외진 구석과 자동차, 비행기에서도 찾아볼 수 있다. 심지어는 우리가 매일 사용하는 컴퓨터에도 있다.

이는 지구상의 생명체가 아주 다양한 모양과 크기를 띠고 있어서 가능한 일이다. 실제로 나무, 풀잎, 벌, 버섯, 고양이, 이끼, 고래, 산호, 인간, 박테리아, 펭귄 등 아주 다양한 형태로 존재한다. 지구는 인간뿐 아니라 수많은 생명체의 고향인 셈이다.

지구는 한마디로 생명 친화적인 행성이다. 무엇보다도 최적의 거리를 유지하며 태양의 둘레를 돌고 있기 때문이다. 지구의 이웃 행성 가운데 화성은 태양의 둘레를 도는 궤도가 멀리 떨어지는 지점에서는 태양의 에너지를 너무 적게 받아서 지표면의 물이 얼어붙는다. 반대로 금성은 태양과 가장 가까워지는 순간, 너무 많은 에너지를 받아서 물이 죄다 증발한다. 반면에 지구에는 액체와 얼음, 수증기 형태로 존재하는 물이 꽤 많다.

물은 생명을 구성하는 핵심 요소이다. 우리 인간을 포함한 지구상의 모든 생명체는 대부분 물로 구성되어 있으며, 과학은 지구상의 첫 번째 생명체가 물속이나 물 가까이에서 생겨났다는 전제에서 출발한다. 또, 대기 속의 수증기는 우주 공간에서 나오는 치명적인 방사선이 우리에게 닿지 않도록 보호해 준다.

지구의 물은 원래부터 있었던 것이 아니라 수십억 년 전에 소행성, 운석, 혜성 등에 의해 옮겨 왔을 가능성이 높다. 다른 많은 화학 원소들도 운석과 함께 지구에 도착했다. 그중 탄소는 물과 함께 지구의 모든 생명체를 이루는 기본 요소이다. 즉, 탄소 원자는 다른 원자들과 결합해 아주 미세한 세포에서부터 자이언트세쿼이아 나무에 이르기까지 생명체를 구성하는 유기 물질을 만들어 낸다.

이 외에도 지구에는 생명체에게 매우 유익한 조건들이 더 많이 있다. 생명체가 숨을 쉬게 해 주며, 방사선뿐 아니라 크고 작은 운석의 충돌로부터도 안전하게 지켜 준다. 이는 대기를 유지하기에 알맞을 만큼 무겁고 커서 가능한 일이다. 또, 지표면은 생명을 이어 가는 데 적절한 온도를 계속 유지하고 있다.

지구의 내부는 여전히 엄청나게 뜨겁다. 만일 지구의 크기가 지금보다 조금만 더 작았더라면, 지표면의 온도는 생명체가 살기에 적당할 만큼 시원해지지 않았을 것이다. 그 밖에도 지구는 공전 궤도면에 대하여 66.5도 가량 기울어진 채 남극과 북극을 잇는 자전축을 중심으로 회전하므로, 지표면의 모든 부분이 태양에 고르게 노출되어 따뜻하게 데워진다.

이렇게 특별한 조건들이 있기에 생명체가 살아갈 수 있는 것이다. 그리고 우리 지구를 특별한 행성으로 만들어 주는 이유이기도 하다. 그렇다면 그것이 지구를 유일무이한 것으로 만들어 주는 게 맞을까?

반드시 그런 것은 아니다. 아직까지 우주의 다른 곳에도 생명체가 존재한다는 증거를 찾아내지는 못했지만, 그 같은 사실을 완전히 배제할 수는 없다. 과학자들은 화성의 지표면이나 목성의 위성인 유로파의 얼음 아래에 아주 미세한 생명체의 흔적이 남아 있지 않을까, 하고 탐사 계획을 계속 추진하고 있다.

그러면 다른 태양계와 은하계의 행성에 혹시 생명체가 존재하는 것은 아닐까? 우리 은하계에만 이미 수십억 개의 행성이 있고, 그중 몇몇은 지구와 마찬가지로 태양 둘레를 공전한다. 실제로 우주에는 수십억 개의 별을 가진 수십억 개의 은하계가 있으므로, 지구 외의 다른 곳에도 생명체가 존재할 가능성은 상당히 큰 편이다.

물론 그 생명체는 물리적 조건에 따라 지구의 생명체와는 전혀 다르게 생겼을 수도 있다. 또한 지구의 생명체와는 다른 화학적 결합을 통해 이루어져 있을 수도 있다. 모든 생명체가 반드시 탄소를 기반으로 구성되어야 할 필요는 없기 때문이다. 하지만 그들에게 눈이 있다면 우리처럼 우주를 바라볼 것이고, 생각을 할 수 있다면 우리와 비슷한 질문을 던질 것이다.

이것 말고도 우리는 약 35억 년 전에 지구에서 어떻게 생명체가 처음 생겨났는지 정확히 알지 못한다. 어쩌면 생명의 탄생은 오직 단 한 번,

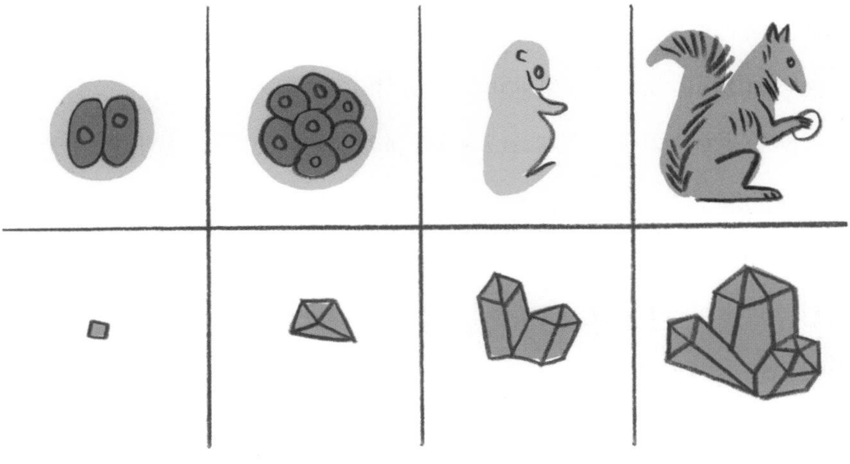

우리 지구에서만 일어난 우연의 결과였을지도 모른다. 아니면 생명의 탄생에 필요한 조건이 갖춰진다면 언제 어디서든 진행되는 생성 과정일 수도 있다.

사실 오늘날까지도 생명에 관해 정확한 과학적 정의는 존재하지 않는다. 사람들은 단지 살아 있는 생명과 그렇지 않은 것을 구분해 주는 몇 가지 기본 요건에 합의했을 뿐이다.

살아 있는 유기체는 적어도 하나 이상의 세포, 즉 생화학 과정이 일어나는 막으로 둘러싸인 하나의 공간으로 구성된다. 이 막은 물질을 통과시키는 투과성이 있으며, 세포는 주위의 에너지를 사용해 외부 세계에 반응하고 환경 변화에 적응한다. 그리고 자신을 복제하여 번식하는데, 복제된 세포는 원래 세포와 완전히 똑같지는 않다.

간단히 말해서, 생명은 환경과 교류하며 에너지를 생성하고 자손을 만들어 내는 하나 이상의 세포로 구성된다. 이 같은 원칙은 지구의 모든 생명체에 똑같이 적용된다. 박테리아뿐만 아니라, 이웃집 정원의 나무와 개, 그리고 이웃 사람에게도 마찬가지다.

세포막이 없어서 신진대사(생물체가 몸 밖으로부터 섭취한 영양물질을 몸 안에서 분해하고 합성하여 생명 활동에 필요한 물질이나 에너지를 생성하고, 필요하지 않은 물질은 몸 밖으로 내보내는 작용.—옮긴이)를 하지 못하는 바이러스처럼 이러한 요건을 충족하지 못하는 경우는 생명체가 아닌 다른 것으로 분류한다.

한눈에 꿰는 지구의 역사

우리 지구에 있는 그 어떤 것도 그저 단순히 지금의 모습으로 '존재하는 것'은 없다. 지구의 모든 것은 그렇게 '변해 온 것'이며, 지금도 여전히 '변화하고 있'다. 그렇다! 지구는 약 45억 년 전에 생겨난 이래로 쭉 변화해 왔고, 그 안의 생명체도 더불어 변화를 거듭해 왔다. 앞으로도 계속 그럴 것이다.

우리가 지금 ISS에서 지구를 내려다보고 있고, 지구의 역사가 슬로 모션 영상처럼 우리 눈앞에 펼쳐진다고 상상해 보자. 지구가 생겨나고 얼마 지나지 않아 작은 행성 하나가 지구와 충돌하고, 이 엄청난 충돌의 잔해에서 달이 생겨난다. 그다음에 지구는 안정을 되찾긴 하지만 몹시 뜨거워져 있다. 다행히 지구의 표면인 지각이 천천히 식는다.

뒤이어 수십억 년 동안 거대한 땅덩어리들이 지구 표면에서 이동하고, 충돌하고, 서로 포개졌다가 도로 갈라진다. 그렇게 해서 거대한 대륙을 만든다. 바다가 생겨났다가 사라지고, 산맥이 솟았다가 가라앉고, 거대한 화산이 폭발했다가 사그라진다.

지구는 그렇게 끊임없이 움직인다. 대륙은 서로를 밀쳐 내거나 다시 포개지며 끊임없이 표류한다. 지구의 내부는 여전히 식지 않아 뜨거운 액체 상태이다. 그 위에서 조각조각 갈라진 땅덩어리가 떠다닌다. 그러다 서로 맞닿거나 부딪치면 격렬한 지진이나 화산 폭발이 일어난다.

하지만 그게 다가 아니다. 지구의 기후가 매우 뜨거워졌다가 또다시

차가워진다. 때로는 얼음과 눈으로 완전히 뒤덮인다. 우주 공간에서는 푸른 행성이 아니라 흰색 행성처럼 보인다. 그러다 얼음이 녹아서 북극과 남극만 꽁꽁 언 채로 남아 있다.

이러한 기후 변화는 지구가 태양을 중심으로 타원을 그리며 회전해서, 태양 복사(태양에서 방출되는 가시광선, 적외선, 자외선, 엑스선 따위의 전자기파를 통틀어 이르는 말.—옮긴이) 에너지의 강도에 따라 따뜻하고 추운 시간이 반복되기 때문에 발생하는 것이다. 지구는 자전축이 약간 기울어진 상태로 자전하는데, 이는 곧 계절의 변화로 이어진다. 북반구는 태양 쪽으로 좀 더 기울어져 있어서 남반구보다 반년 동안 열을 더 많이 받는다. 그 반대의 경우도 마찬가지다.

그뿐만이 아니다. 타원을 그리며 태양의 둘레를 도는 지구의 공전 궤도와 자전축의 기울기가 시간에 따라 변한다. 태양계에 있는 다른 행성들이 지구에 끼치는 중력의 효과도 마찬가지다. 이 모든 것은 지구의 기후가 더웠다가 추워지고, 추웠다가 더워지기를 반복하며 요동치게 만든다. 결국 지구가 존재하는 한 계속해서 변화할 것이다.

지구 역사의 흐름 속에서 우리는 또 무엇을 보게 될까? 이번에는 지구가 생겨난 지 약 10억 년 후에 최초의 생명체가 태어나는 것을 본다. 지각에서 나온 뜨거운 물이 차가운 바닷물과 만나는 태곳적 바다의 어딘가에서 단세포 생물이 나타난다. 그중 몇몇은 박테리아처럼 오늘날까지 살아남아 있다.

이 단순한 생물은 거의 30억 년 동안 지구를 지배하다가, 약 10억 년 전에 다세포 생물인 해파리·균류와 결합하며 좀 더 복잡해진다. 그리고 또 다른 중요한 일이 일어난다. 시아노박테리아(광합성을 통해 산소를 만들어 내는 세포. 가장 오래된 것으로 보이는 화석은 약 35억 년의 전의 것이다.—옮긴이)가 태양 빛을 이용해 에너지를 만들고, 공기 속의 이산화 탄소를 포도당과 산소로 분리하는 방법을 터득한다.

이때 생겨난 산소를 다시 공기 중으로 내보낸다. 이 과정을 광합성이라고 한다. 이는 모든 식물의 토대가 된다. 시아노박테리아가 지구의 대기를 점점 더 산소로 채우면서 지구상의 생명체를 완전히 바꿔 놓는다. 그 덕분에 산소 호흡 생명체가 생겨난다.

그 후 지구의 생명체가 폭발하듯이 늘어나고, 신기하기 짝이 없는 생물들이 바닷속을 가득 메운다. 그리고 그리 오랜 시간이 지나지 않아 식물들이 나타나고, 곧이어 동물들이 뭍에서 서식하기 시작한다. 시간이 흐르면서 물고기와 곤충, 양서류가 주도를 하다가 온도가 급격히 변하면서 죽어 사라진다.

하지만 모든 생명이 죽어 없어진 것은 아니다. 지구의 생명체는 새로운 시대를 연다. 이번에는 파충류와 공룡이 땅과 바다를 지배한다. 그러나 거대한 소행성이 지구를 강타하고, 그 충돌의 여파로 공기가 오염되면서 공룡이 멸종한다. 이런 위기 상황에서 포유류는 자신들을 전 세계로 퍼뜨리는 절호의 기회로 삼는다. 그 과정에서 수많은 '종'(다양한 생물을 일정한 기준에 따라 구분하는 것을 '분류'라 한다. 생물 분류의 단계는 가장 작은 범주인 '종'에서 '속', '과', '목', '강', '문'을 거쳐 가장 큰 범주인 '계'로 이어진다.—옮긴이)이 생겨난다.

포유류의 '아종'(종을 다시 세분한 생물 분류 단위. 종의 바로 아래 단계로, 종으로 독립할 만큼 다르지는 않지만 변종으로 보기에는 서로 다른 점이 많은 생물.—옮긴이) 중 하나인 인간은 어느 날 똑바로 일어서서 걷는 법을 배우고, 이른바 '지성'이라고 부르는 사고 능력을 발전시킨다. 그리고 지구를 정복할 준비를 서두른다.

기나긴 지구의 역사를 매우 빠르게 훑어보았다. 그러다 보니 아주 많은 것들을 언급하지 못했다. (사실 그중에는 아직 정확하게 밝혀지지 않은 것들도 많다.) 그럼에도 불구하고 한 가지만은 아주 분명해졌다. 생명체가 발전해 가는 과정에서 중요한 의미를 지니는 사건들은 모두 우주의 환경과 떼려야 뗄 수 없는 관계가 있다는 사실이다.

우주에서는 무슨 일이 일어났는가? 바다에는 어떤 화학 성분이 들어 있는가? 대륙들은 어떻게 해서 지구 표면에 자리 잡게 되었는가? 비스듬히 기운 지구의 자전축은 기후에 어떤 영향을 끼쳤는가? 이 모든 상황이 다른 조건들과 합쳐지면서 생명체가 발전해 가는 방식에 큰 영향을 주었다.

반대로, 생명체들 역시 자기 나름대로 더 많이 번성할 수 있는 조건을 만들어 나갔다. 초기에는 산소를 생성하는 시아노박테리아가 식물의 토대를 만들며 영향력을 발휘했다. 뒤이어 식물, 동물, 곰팡이, 박테리아 등이 시간의 흐름과 더불어 지구를 변화시켰다. 지금 지구를 주도하는 생명체인 우리 인간 또한 지구를 변화시키기 위해 노력하고 있다.

이 모든 것에는 수많은 사건과 우연이 아주 복잡하게 얽혀 있다. 그래서 미미한 세부 사항이 하나만 바뀌어도 그 발전 과정이 완전히 달라질 수 있다. 산소가 함유된 대기가 없었다면 지구에 식물과 동물과 인간 대신 다른 생물이 나타났을지도 모른다. 달이 생기지 않았다면 밀물과 썰물이 없었을 테고, 바다는 지금과 전혀 다른 모습을 띠었을 것이다.

거대한 소행성이 지구를 살짝 비켜서 날아갔더라면? 공룡이 지금까지 계속 살고 있을지도 모른다. 그 밖에도 '만약'이라는 가정은 끝없이 이어질 수 있다. 그 모든 경우가 생겨날 때마다 지구의 역사는 어마어마하게 달라졌을 것이다.

그러고 보면 지구는 정말이지 아주아주 독특한 존재이다. 우주 어딘가에 지구와 똑같은 행성이 있다는 것은 사실상 불가능하다. 그렇게 엄청난 우연은 결코 있을 수 없다.

여러분이 지금 여기에 살면서 이 책을 읽고 있다는 것은 단지 우리 지구에서만 일어나고, 그 밖의 다른 어느 곳에서는 일어나지 않은, 아주아주 긴 일련의 사건들의 결과이다. 결국 우리는 지구와 그 안에서 살아가는 생명체들과 아주 깊은 관계를 가지고 있다. 그렇다면 이 깊은 관계란 정확히 무엇일까?

제4장

거주 공동체,
우리는 다 같이 지구에 산다

"나는 살고 싶은 삶
한가운데에서 살고 싶은 생명이다."

알베르트 슈바이처

사과 껍질보다 얇은 '생물권'

'우주에서 바라보기'에서 모든 생명체는 '지구'의 생물이라는 사실을 분명하게 보여 준다. 모든 생명체는 '지구라는 행성을 공유한다'는 것이다. 좀 더 정확하게 표현하면 "모든 생명체는 지구라는 행성의 생물권을 공유한다."라고 말할 수 있다.

'생물권'은 물속이나 땅속, 공중 등 생물이 서식하는 영역 전체를 일컫는다. 그래 봤자 지구 질량의 약 100억분의 1에 불과하다. 땅 아래로는 8킬로미터, 위로는 10킬로미터에 불과해서, 지표면에서 지구 중심까지의 거리가 6천 킬로미터 이상이라는 점을 고려하면 매우 얇은 층이다. 만약 지구가 사과 크기라면 생물권은 사과 껍질보다 두껍지 않은 셈이다.

대부분의 생명체는 지구 표면 아주 가까이에서 평생을 보낸다. 지구에 살고 있는 모든 생명체가 공유하는 영역인 생물권은 지각의 최상

층, 물, 그리고 대기를 가리킨다.

물론 지구의 표면이 어디나 다 똑같은 것은 아니다. 오히려 그 반대다. 육지와 대륙, 그리고 이보다 훨씬 더 넓은 바다로 이루어져 있다. 뿐만 아니라 한대, 냉대, 온대, 아열대, 열대, 극지방, 적도 등 다양한 기후대로 나뉜다. 각각의 기후대에는 툰드라, 침엽수림, 낙엽수림과 혼합림, 스텝(온대 초원 지대), 사막, 사바나, 열대 우림과 같은 아주 다양한 식생대(위도나 표고(어떤 지점에서 수직으로 잰 높이), 온도 조건에 따라 동식물이 띠 모양으로 분포하는 지역.—옮긴이)가 있다.

이처럼 다양하게 구분된 지역마다, 같은 행성을 공유하고 있을 거라고는 차마 생각하기 어려울 만큼 너무나 놀랍고도 믿을 수 없이 많은 생명체들이 살고 있다. 올빼미, 버섯, 여우, 밤나무, 다람쥐, 쥐와 같이 이미 한 번쯤 본 생물들만 사는 것이 아니다.

'곰벌레'라고도 불리는 '타디그레이드'는 단 하나의 세포로 이루어져 있는데, 긴 코 모양의 돌기로 움직이면서 영하 270도에서 살아남는다. 땅딸막한 도마뱀인 카멜레온은 혀를 몸길이의 두 배까지 늘일 수 있으며, 기분 상태나 필요에 따라 몸 색깔을 자유롭게 바꾼다.

단 한 번도 땅에 내려앉지 않은 채 10개월 이상을 공중에서 머물 수 있는 칼새도 있다. 현재까지 알려진 것 중 가장 오래된 버섯인 꿀버섯은 가장 거대한 생명체로도 손꼽힌다. 미국 동부의 맬휴어 국립 산림 지대에서 발견된 160종은 머리카락처럼 섬세한 실 모양의 균사로 이루어져 있다. 버섯의 몸통 면적이 축구장 1천 개에 달한다나?

미국 서부 해안의 사막 지대에서 자라는 크레오소트 덤불의 나이는 약 1만 2천 년에 이른다. (아마도 세계에서 가장 오래된 생물일 것이다.) 단세포로 이루어진 미생물 고세균은 바다 깊은 곳 뜨거운 온천에서 번식한다. 다른 생명체라면 단 일 초도 버티지 못하리라. 부드럽게 펄럭이는 촉수가 달린 풍선 모양의 해파리는 물 밖으로 꺼내 놓으면 이내 형태가 없어져 버린다. 그 밖에도 지구에는 신기한 생명체가 수없이 많이 살고 있다.

지구에 실제로 얼마나 많은 생명체가 존재하는지는 아무도 모른다. 지금까지 알려진 수는 약 150만 종이며, 이 숫자는 지구에 실제로 살고 있는 종의 10분의 1에 불과하다. 새로운 생명체는 지금도 계속 발견되고 있다. 대부분은 곤충이거나 절지동물이지만, 때로는 베트남의 신종 영양이나 마다가스카르의 신종 여우원숭이처럼 제법 큰 동물이 발견되기도 한다. 그러나 지구에 사는 생명체의 99퍼센트 이상은 현미경으로 관찰해야 할 만큼 극히 작다. 따라서 새로운 종을 발견하는 것은 거의 행운에 가까운 일이다.

이처럼 다양한 생명체들이 지구 어딘가에 저마다 집을 짓고 살고 있다는 사실 외에, 그들을 하나로 연결해 주는 공통점은 과연 무엇일까? 인간이라는 생명체인 우리는 올빼미, 너도밤나무, 타디그레이드, 칼새, 해파리와 어떤 관련이 있을까?

촘촘하게 짜인 그물망, 생태계

인간과 다른 생명체 사이의 관계는 많은 사람이 꽤 오랫동안 생각해 왔던 주제이다. 그리스의 유명한 철학자 아리스토텔레스는 기원전 삼백 년 전에 오늘날까지도 중요하게 일컫는 논리, 도덕, 정치 등의 주제뿐만 아니라 곤충과 새와 물고기 등의 연구에 온 힘을 기울였다.

아리스토텔레스는 자연은 이미 그렇게 존재했으며 영원히 변하지 않는 것이라고 생각했다. 그의 주장에 따르면, 자연에는 생명이 없는 것에서부터 가장 고도로 발달된 생명체인 인간으로 이어지는 일련의 서열 체계가 존재한다. 땅은 식물 때문에 존재하고, 식물은 동물 때문에 존재하며, 동물은 사람 때문에 존재한다는 것이다. 비록 몇몇 종이 유사해 보일지라도, 각각의 종은 저마다 독립적이어서 쉽사리 변경할 수 없다고 했다.

그동안 자연에 관한 연구는 수집과 정리와 분류 작업, 다시 말해 이름을 붙이고 종류별로 분류하는 게 전부였다. 그러한 수집가와 분류가 중 가장 유명한 사람은 스웨덴의 식물학자 칼 폰 린네이다. 18세기 전반에 살았던 그는 저서《자연의 체계》에서 약 8천 종의 식물과 6천 종의 동물, 그리고 500종의 광물을 설명했다. 겸손함과는 거리가 멀었던 린네의 좌우명은 "신은 만물을 창조했고, 린네는 그것들을 분류했다."였다.

사실 그에게는 그렇게 주장할 만한 이유가 충분히 있었다. 다양한 동식물을 '종'과 '속'에 따라 분류하는 체계를 세웠는데, '이명법'이라 불리는 이 분류법은 지금까지도 널리 사용되고 있다.

그의 분류법에 따르면 각각의 생명체에게는 이중의 라틴어 이름이 주어지며, 앞의 이름은 '속'을 나타내고 뒤의 이름은 '종'을 나타낸다. 예를 들어 개제비 꽃은 '비올라 카니나(*Viola canina*)'이고, 레드 구스베리는 '리베스 루브룸(*Ribes rubrum*)'이다. 린네는 우리에게도 '생각하는 사람'이라는 뜻의 '호모 사피엔스(*Homo sapiens*)'라는 이름을 지어 주었다.

이제껏 알려지지 않았던 생물을 발견한 사람이라면 누구나 이중 이름을 부여하고, 그 이름을 국제 동물 명명 위원회에 등록할 수 있다. 최근에 새로 발견한 생물에 붙여진 이름 중에는 아주 기발한 것들도 많다. 오십여 년 전에 발견된 난쟁이 딱정벌레에게는 2019년에 환경 운동가인 그레타 툰베리를 기리기 위해 '넬롭토데스 그레태(*Nelloptodes gretae*)'라는 학명을 부여했다. 이 딱정벌레는 툰베리의 땋은 머리칼을 연상시키는 꽈배기 모양의 더듬이를 가지고 있다.

린네의 자연 분류법은 한눈에 알아볼 수 있는 생물의 외형적인 특징에 기초를 두고 있다. 아리스토텔레스와 마찬가지로, 그는 세상이 생겨난 후 다양한 동식물이 존재했으며, 그동안 조금도 변하지 않았고 앞으로도 결코 변하지 않을 것이라고 믿었다. 그저 각각의 종이 혼자 힘으로 살아왔다고 생각한 것이다.

하지만 위에서 바라보는 모습은 그 같은 생각을 서서히 변화시키기 시작했다. 여기서 말하는 '위에서 바라보는 모습'은 우주에서의 모습이 아니라 높은 산에서 바라보는 모습이었다. 사람들이 우주선을 타고 지구를 떠나 사진을 찍기 훨씬 전, 독일의 자연 연구가 알렉산더 폰 훔볼트는 가능한 한 높은 곳에서 세상을 바라보며 세상의 원리를 이해하고 싶어 했다. 그는 1799년에 남아메리카로 가서 많은 동물과 식물을 연구했다.

1802년 6월에 지금의 에콰도르 공화국에 있는 사화산인 침보라소산에 오르기로 결심했다. 해발 6,263미터의 침보라소산은 에베레스트와 견주면 그리 거대하지 않지만, 그 산을 등반하는 것은 그리 쉬운 일이 아니었다. 실제로 빙하가 갈라지며 생겨난 거대한 크레바스(빙하의 표면에 생긴 깊은 균열.—옮긴이)가 가로막는 바람에 정상까지 오르지는 못했다.

그래도 거의 6,000미터 높이까지 올라갔는데, 그 당시로서는 엄청난 사건이었다. 아무도 그런 높이까지 올라가 본 적이 없었기 때문이다.

그런데 여기서 진짜로 엄청난 사건이라 불릴 만한 것은 따로 있었다. 이 등반으로 사람들이 그동안 자연에 대해 막연히 갖고 있던 이미지를 싹 바꾸어 놓았다. 침보라소산의 산비탈에서 발아래 펼쳐진 세상을 바라보는 순간, 훔볼트는 지구상의 생명체가 그저 나란히 존재하는 집합체가 아니라는 사실을 깨달았다. 자연 속의 모든 것이 쉽사리 간파하기 어려운 방식으로 얽히고 설킨 채 끊임없이 영향을 주고받고 있다는 걸 깨달았다. 말하자면 서로 긴밀하게 연결되어 있었던 것이다!

훔볼트는 그런 사실을 어떻게 해서 깨달았을까? 그는 침보라소산을

오르다가 특정한 식물과 동물들이 살고 있는 지역을 지나갔다. 그런데 신기하게도 머릿속에 돌연 스위스의 알프스산맥이 떠올랐다. 전혀 다른 장소인데도 유사한 특성을 지닌 생물들이 살고 있었던 것이다. 그 일로 비슷한 생명이 생겨나는 장소에는 뭔가 연관성이 존재한다는 결론을 얻었다. 말하자면 자연은 하나의 거대한 상호 작용으로 이루어져 있다는 생각을 하게 된 셈이다.

예를 들어, 거센 바람이 부는 섬에서는 식물만 자라기가 어렵다. 특정 지역의 날씨는 육지와 바다와 기압의 상호 작용만으로 발생하는 것이 아니다. 지구에서 살아가는 생명체들이 저마다 날씨에 한몫을 하고 있다는 뜻이다. 나무는 산소를 배출하고 물을 저장하며 그늘을 제공함으로써 냉각 효과를 발휘한다. 이런 식으로 모두가 날씨에 영향을 미친다는 얘기다.

몇 년 후, 유럽으로 돌아온 훔볼트는 남아메리카를 여행하며 얻은 경험과 지식을 바탕으로 책으로 펴냈다. 그는 각각의 종이 지닌 개별적 특성을 뛰어넘어 전체적으로 자연을 지배하는 구조와 연관성을 이해하려고 노력한 최초의 인물이다. 지구의 생명체는 무수한 연관관계로 촘촘하게 짜인 하나의 그물망, 즉 생태계를 이룬다고 생각한 것이다. 그런 의미에서, 훔볼트는 지금 우리에게는 너무나 당연해 보여서 오히려 쉽게 잊어버리곤 하는 이 생각을 처음으로 공식화한 인물이다.

모든 것은 서로 연결되어 있다

자연에서 일어나는 여러 현상에 대해 이야기할 때마다 빠지지 않고 등장하는 용어가 하나 있다. 바로 '생태계'이다. 생태계는 이백 년 전만 해도 전혀 알려지지 않은 개념이었다. 훔볼트도 생태계라는 용어를 직접 사용하지는 않았다. 이 말은 나중에야 널리 퍼졌다.

지구에는 다양한 생태계가 존재한다. 일단 바다, 강, 호수, 연못과 같은 수생 생태계가 있다. 숲, 계곡, 스텝, 사막, 툰드라 같은 육상 생태계도 있다. 또 들판, 논밭, 풀밭, 공원과 같은 인공 생태계도 있다. (도시도 어떤 면에서는 생태계라고 주장하는 사람들도 있다.) 생태계가 정원에 있는 연못처럼 아주 작고 단순할 수도 있지만, 열대 우림이나 산호초처럼 매우 크고 복잡할 수도 있다.

이처럼 다양한 생태계는 서로서로 다를 수 있지만, 빛과 공기와 물과 비오톱, 즉 인간과 동식물처럼 다양한 생물 종이 공동으로 서식하는 공간이 있다는 공통점이 있다. 특정한 환경에서 유기적인 관계를 맺으며 함께 사는 생물의 모임인 유기적 공동체, 즉 군집이 존재한다는 것이다. 이들은 식물과 동물과 미생물의 무리로서, 다시금 생산자와 소비자, 분해자로 나뉜다.

생산자는 주로 태양 에너지를 이용하여 유기물을 만드는 녹색 식물이다. 그리고 소비자는 식물을 먹고사는 동물을 가리킨다. 다시 말해 초식 동물은 식물을 먹고살고, 육식 동물은 초식 동물을 잡아먹는다. 마지막으로 분해자는 땅 위나 땅 밑에 사는 작은 동물과 미생물이다. 그들은 죽은 생명체를 물과 이산화 탄소, 무기질로 분해하여 비오톱의 일부로 만든다.

모든 생태계는 소멸과 재생으로 이루어진 순환 과정을 거치며, 그 안에서 각각의 부분들이 톱니바퀴처럼 서로 맞물려 돌아간다. 순환 과정의 구성 요소 중 어느 하나가 변화하면 전체 시스템이 바뀌게 된다. 예를 들어, 어느 산호초에서 상어 떼가 사라지면 상어보다 몸집이 작은 육식 물고기의 개체 수가 증가한다. 그러면 어린 산호가 무성하게 자란 해초로 뒤덮이지 않도록 해 주는 파랑비늘돔 같은 초식성 산호초의 수가 줄어든다.

하나의 생태계가 뜻밖의 변화에 얼마나 강력하게 대응할 수 있는지를 보여 주는 또 다른 좋은 예는 옐로스톤 국립 공원이다. 미국에서 가장 큰 국립 공원이자 세계에서 가장 오래된 국립 공원인 이곳은 1923년에 마지막 늑대가 죽은 후 먹이사슬이 뒤죽박죽이 되고 말았다.

천적이 사라지자 아메리카들소와 엘크의 수가 거침없이 늘어났다. 이들은 숲의 나무와 초원의 풀들을 마구 먹어 치워 황폐화시켰으며, 그 결과 옐로스톤의 생물 다양성이 엉망진창이 되어 버렸다. 1995년에 캐나다에서 늑대 한 무리를 데려와 옐로스톤에 살게 했다. 그들이 큰 동물들을 사냥하기 시작하자 비로소 원래의 다양한 종들이 어느 정도 회복되었다.

따라서 생태계를 각각의 고립된 단위로 보아서는 안 된다. 자연에서는 그 어느 것도 별도로 존재하지 않는다. 매우 안정적으로 보이던 생태계도 기후 변화나 영양 공급, 새로운 종의 출현 같은 외부 영향으로 얼마든지 뒤바뀔 수 있다.

그동안 크고 작은 변화는 수없이 일어났다. 그렇기 때문에 자연 보호 구역처럼 엄격하게 관리되고 보호되는 생태계조차도 늘 똑같은 상태로 유지되지 않는다. 수많은 꽃과 곤충과 풀들이 무성했던 초원이 근처의 밭에 뿌린 비료로 다양성을 잃고, 지구의 평균 기온이 상승해 가뭄이 이어지면서 호수와 강이 점점 사라진다면? 이제껏 그곳에 터를 잡고 살았던 수많은 동식물이 모습을 감추고 완전히 새로운 생태계인 사막이 나타나게 될 것이다.

독일의 자연 연구자 훔볼트의 예측은 정확하게 맞아떨어졌다. 지구에는 아주 다양한 삶의 공간들이 존재하고, 그 안에서 각각의 생명체는 하나의 거대한 관계망을 구성한다. 하나의 생명은 다른 생명 없이는 성장하고 번영할 수 없으며, 모든 것은 순환 과정을 통해 서로 연결되어 있다.

그런데 지구에 존재하는 수백만의 생명체를 서로 연결해 주는 또 다른 요인이 따로 있다. 이 요인은 훔볼트도 미처 알아채지 못했다.

진화의 메커니즘을 깨우치다

사람들은 19세기 중반에 이르러서야 비로소 이 중요한 요인을 인식하게 되었다. 이는 영국의 유명한 자연 과학자 찰스 다윈과 관련이 깊다. 다윈은 자신보다 나이가 많은 훔볼트를 마음 깊이 존경했다. 두 사람은 한 차례 만난 적이 있었는데, 그때 다윈은 훔볼트가 지나가는 말로 던진 질문에 큰 관심을 가지고 진지하게 파고들었다.

"지구에는 왜 서로 다른 종들이 존재하는 걸까?"

만약 곰벌레나 고양이만 존재했다면? 아니, 수십억 개의 똑같은 복사본 형태로 여러분만 존재했다면? 어쩌면 그게 훨씬 더 일목요연했을지도 모른다. 그런데 지구에는 혼란스러울 정도로 다양한 생명체들이 살고 있다. 대체 왜?

다윈의 시대에 살았던 사람들은 이 질문에 매우 간단하게 대답했다.

"하느님은 지금과 같은 모습으로 다양한 생명을 창조하셨습니다."

하지만 다윈은 이런 답변에 만족하지 못했다. 훔볼트의 책을 읽으면서 기후를 비롯해 자연의 모든 것이 계속 변화한다는 걸 깨달았기 때문

이다.

그는 곧 남아메리카로 탐사 여행을 떠났다. 태평양의 몇몇 섬들을 돌아다니며 매우 전통적인 방식으로 여러 동물 종을 연구했다. 특히 같은 종류인 새의 부리 길이나 깃털 색깔처럼 세세한 부분들이 그들이 살고 있는 섬에 따라 어떻게 다른지 자세히 살폈다.

여행을 마치고 나서 몇 년이 지난 후, 다윈은 마침내 자신이 세운 이론을 담아 《종의 기원》이라는 책을 펴냈다. 이 책은 인류 역사상 가장 중요한 책 중 하나로 손꼽힌다. 그의 이론에 따르면, 종들은 지속적으로 변화하면서 각각의 서식지, 즉 환경 조건에 적응한다는 것이다. 가령, 하나의 종인 새에게서 여러 아종이 나올 수 있는데, 원래의 종과 모양이나 행동 방식이 전혀 다른 새가 나타날 수 있다는 얘기다.

다윈의 이 이론은 일찍이 고대 그리스의 아리스토텔레스가 공식화했던 전통적인 가르침, '각각의 종은 영원히 변하지 않는다.'와 완전히 배치된다. 심지어 이것은 다윈 이론의 고작 첫 단계에 불과하다.

다윈이 내딛은 두 번째 발걸음은 훨씬 더 급진적이다. 오래전의 과거로 거슬러 올라가며 추적을 거듭하다 어느 시점에 이르면, 아리스토텔레스와 린네가 생각한 것처럼 서로 다른 종이 독립적으로 생겨나는 것이 아니라, 모두가 '하나의' 공통된 조상을 가지고 있다는 결론에 다다른다. 결국 지구상의 생명체는 모두가 하나의 혈통에서 비롯된 거대한 가족인 셈이다. 그 가족의 족보 안에는 해파리와 코끼리와 담쟁이덩굴뿐만 아니라 곰벌레도 속한다. 당연히 여러분도!

다윈의 이론은 폭탄을 터뜨리기라도 한 듯 엄청난 반향을 불러일으키며 온 세상을 혼란의 도가니로 몰아넣었다. 무엇보다도 인간이 '원숭이류'에서 특정한 방식으로 변화를 거듭한 끝에, 린네가 '호모 사피엔스'라고 불렀던 종으로 진화했다는 주장은 격렬한 논쟁을 불러일으켰다.

다윈의 진화론은 오늘날 전 세계적으로 널리 받아들여지고 있다. 이 이론의 틀 안에서 설명할 수 없는 생명체는 더 이상 지구에 존재하지 않으며, 다윈 이후 수많은 과학자들이 발견한 모든 것이 그의 이론을 탄탄하게 뒷받침해 주고 있다.

그사이에 우리는 종들의 변화가 실제로 어떻게 일어나는지 더 자세히 알게 되었다. 세대가 계속 바뀌면서 후속 세대에게 동일한 유전 정보가 아니라, 우연히 발생한 돌연변이와 부모 유전 정보의 새로운 조합을 통해서 변형된 유전 정보를 전달한다.

그런 식으로 변화된 생물이 조상 대대로 이어져 온 서식지에서 다른 생물보다 더 잘 지내게 된다면 생존하는 데 훨씬 더 유리하다. 자신의 유전 정보를 다음 세대에 전달할 가능성도 그만큼 더 커진다.

'진화'라고 불리는 이 과정은 매우 오랜 기간에 걸쳐서 진행된다. 그렇게 해서 수백만 년이 흘러가는 동안, 어떤 물고기가 육지에 사는 네 발 달린 척추동물이 되었다가 포유류로 바뀌었다. 해조류는 처음에 이끼였다가 꽃이 피는 식물로 변했다.

만일 생명체에게 이 같은 지속적인 변화, 즉 진화의 메커니즘이 없었다면 지구는 어쩌면 이미 오래전에 죽은 행성이 되었을지도 모른다. 지구에서 펼쳐지는 생명의 다양성은 수백만 년에 걸쳐 일어났다. 앞으로도 계속해서 변화할 것이다. 어쩌면 수백만 년 후에는 나비처럼 날개를 펄럭이며 숲을 날아다니는 오징어가 만나게 될지도…….

다윈의 이론으로는 지구의 모든 생명체는 서로 친척 관계이다. 곰벌레와 고양이와 여러분 모두! 말하자면 지구상의 모든 생명체는 단 하나의 거대한 살아 있는 전체인 셈이다.

모든 생명체는 거대한 '서로 함께'

하지만 '다른' 조건과 '다른' 종을 가진 '다른' 생태계가 분명히 존재한다. 그렇지 않은가? 서로 다른 생명체가 한 생태계에서 함께 살고 있으니까. 비록 그들 모두가 아주 오래전에 단 하나의 생명에서 나왔다고 할지라도, 모든 생명체가 사막이나 열대 우림에서 사는 것은 아니다. 또, 모든 생명체가 태양의 빛에서 에너지를 얻지도 않는다. 그렇다면 왜 굳이 하나의 거대한 전체여야 할까?

지구의 생물권은 다양한 생태계의 집합체일 뿐만 아니라 '그 자체로' 하나의 거대한 생태계를 이룬다. 생물권에서는 생물과 암석과 공기 사이에 지속적으로 물질이 교환된다. 지구에서는 생물권을 유지하는 데 도움이 되는 '물질의 순환'이 계속 일어나는데, 거기에는 물과 탄소와 질소 같은 지구 생명체의 기본 구성 요소의 순환 과정이 포함된다.

우리는 물의 순환에 대해 잘 알고 있다. 땅 위의 물이 증발한 뒤 비가 되어 하늘에서 떨어지는 걸 수시로 보았으니까. 간단히 말해 태양이 비치면 바닷물과 호수의 물, 숲과 초원, 늪지의 물이 증발해 하늘로 올라간다. 꽤 높은 곳의 공기층에 이르면 수증기 형태의 물이 차가워져서 구름으로 바뀐다. 구름 속에 저장되어 있던 물이 다시 비나 눈이나 우박이 되어 땅 위로 떨어진다. 그렇게 해서 다시금 바다와 호수, 강, 하천의 물로 되돌아간다. 그러다 또 태양이 비치면 이 모든 순환 과정이 처음부터 반복된다. 이러한 물의 순환은 지구를 다른 행성과 달리 특별한 존재로 만든다.

탄소의 순환 또한 물의 순환만큼이나 중요하다. 탄소 없이는 포유류의 뼈나 조개의 껍질, 나무의 줄기처럼 단단한 구조물을 만들 수 없다. 생명체와 공기가 끊임없이 탄소를 교환하는 것은 광합성의 결과이다. 식물은 태양 에너지를 받아 대기에서 이산화 탄소를 추출한 뒤 탄소와 산소로 분해한다.

식물은 탄소로 줄기와 잎과 열매를 생산한 뒤 산소를 공기 속으로 다시 내보낸다. 동물뿐 아니라 사람도 식물을 먹는다. 그중 일부는 유기 구조를 구축하는 데 사용하고, 나머지는 호흡을 통해 이산화 탄소로 내뱉는다. 탄소의 순환이 다시 시작되는 셈이다.

이 외에도 탄소는 매우 유용한 특성을 가지고 있다. 태양 에너지를 대기 중에 붙잡아 둠으로써 지구의 온도가 너무 내려가 추워지지 않도록 조절해 준다. 수천 년 동안 대기 중에 적당한 양의 이산화 탄소가 늘 존재했기에 생명체가 살아가기에 적당한 온도를 유지할 수 있었던 셈이다. 대기 중에 이산화 탄소가 많아지면 온도가 그만큼 더 올라간다.

물이나 탄소의 순환만큼 잘 알려지지는 않았지만, 질소의 순환 또한 지구상의 생명체에게 꼭 필요하다. 질소가 없으면 몸속에서 감각 정보를 전달하는 '화학 전달 물질'의 역할을 맡고 있는 단백질이 형성되지 않는다. 질소 순환은 탄소와는 전혀 다른 방식으로 진행된다. 공기 중에 질소가 많이 있긴 하지만, 식물이나 동물은 그대로 흡수할 수가 없다. 분해자들, 즉 미생물만이 죽은 식물과 동물을 분해하여 질소 화합물을 만든다. 질소 화합물은 땅에서 질산염으로 바뀌는데, 이 질산염은 생산자인 식물에 의해 다시금 가공된다. (그 과정에서 질소는 박테리아를 통해 공기 속으로 방출된다).

사슴이 나뭇잎을 먹으면 생산자의 질소가 소비자에게 전달된다. 사슴이 죽어서 분해될 때 질소 화합물이 생겨나는데, 이것이 땅에서 질산염으로 바뀌어 식물에게 다시 제공된다.

이러한 순환 과정은 지구의 모든 생태계에서 일어난다. 하지만 침보라소산에 올랐던 알렉산더 폰 훔볼트는 이 같은 연관성, 즉 전 세계적인 연결망을 미처 알아채지 못했다. 우주에서 지구를 내려다보고 나서야 사람들은 비로소 모든 것이 서로 연관되어 있다는 걸 깨달았다.

아프리카 사막의 작은 모래알을 폭풍이 대서양 너머로 옮겨서 아마존 열대 우림의 거름으로 쓰이게 한다. 그곳에서 위로 올라간 습기는 비가 되어 산 위로 떨어지며 암석을 씻어 낸다. 침식 작용으로 소금이 다시 바다로 흘러 들어가고, 미세 생물들은 그 소금을 먹고 산소를 생산한다…….

지구상에는 어떤 방식으로든 서로 연결되지 않은 것이 없다. 우리 인간이 그려 놓은 정치적인 경계선은 전혀 중요하지 않다. 지구상 어디에선가 화산이 폭발하거나 큰 화재가 발생하면 다른 곳에서도 그 영향을 느끼게 된다. 심지어 그 영향이 지구 전체로 퍼지기도 한다.

실제로도 화산 폭발로 생겨난 화산재가 꽤 멀리 떨어진 대륙의 기온을 낮춘 일이 있었다. 1815년에 인도네시아의 탐보라 화산 폭발이 바로 그 경우이다.

이 같은 전 지구적 연결망이 결국 온갖 종류의 생명체를 생산했다. 이들 생명체는 다시금 전 지구적 연결망을 변화시켜 새로운 종을 만들어냈다. 이것이 바로 오늘날까지도 계속되고 있는 생성과 소멸, 그리고 재생의 순환이다.

훔볼트와 다윈의 시대만 해도 종은 두 개의 큰 영역으로 나뉜다고 가정했다. 그중 하나는 이동하면서 다른 생물을 먹음으로써 성장하는 데 필요한 에너지를 얻는 '동물'이다. 또 다른 하나는 이동하지 않으면서 오로지 햇빛의 도움을 받아 포도당과 탄수화물을 생산해 필요한 에너지를 얻는 '식물'이다. (그래서 식물은 항상 태양을 향해 자란다.)

그러나 이제 우리는 그동안 식물에 포함시켰던 균류(광합성을 하지 않는 하등 식물을 통틀어 이르는 말. 세균·조균·자낭균·담자균·변형균 따위가 있고, 좁은 뜻으로는 곰팡이·효모·버섯류를 가리킨다.—옮긴이)가 별도의 영역, 즉 균계를 형성한다는 사실을 알고 있다. 균류는 이동하지는 못하지만, 필요한 에너지를 햇빛이 아니라 다른 생물체나 유기물에게서 얻는다. 사실 식물보다는 동물과 더 가깝기에 슈퍼마켓에서 채소 코너에 있는 게 어울리지 않는다고나 할까.

물론 그게 전부는 아니다. 지구상 대부분의 생명체가 속하는 네 번째 영역인 박테리아가 있기 때문이다. 이들은 너무 작아서, 17세기에 현미경이 발명되기 전까지는 그 존재를 아무도 눈치채지 못했다. 박테리아는 하나의 세포로만 구성되며, 다른 생물이 기본적으로 갖추고 있는 구성 요소가 없다는 점에서 다른 생물과 엄격하게 구별된다.

지구의 생명체는 15억 년 전에 몇몇 단세포 생물이 다른 단세포 생물 안으로 '이주'하여 새로운 세포의 구성 요소가 되었다. 음, 놀라지 마시라! 여러분의 몸에는 정상적인 체세포(생식 세포 외에, 생물체를 구성하고 있는 모든 세포를 일컫는 말.—옮긴이)보다 박테리아가 약 10배 더 많이 있다.

동물, 식물, 균류, 박테리아라고 하는 네 개의 대영역은 아주 많은 하위 영역으로 나뉘고, 그 하위 영역은 계속해서 더 많은 하위 영역으로 나뉜다. 식물의 경우, 나무와 관목에서 조류와 양치류와 이끼류를 거쳐 꽃식물에 이르기까지 다양하다. 동물의 경우에도 포유류(잘 알려진 바와 같이 우리 인간을 포함한다.), 새, 파충류, 양서류, 물고기 및 모든 무척추 동물이 있다. 균류는 훨씬 더 다양하게 그룹으로 쪼개진다.

사실 지구상의 생명체들은 생존을 위해 하나의 거대한 관계망으로 엮여 있다. 우리 인간 또한 하나의 종 안에서 맺어진다. 가족을 비롯해서 학교나 직장 등 다양한 사회 집단 안에서 복잡한 의사소통 구조를 이룬다. 이러한 관계는 번식뿐만 아니라 영양 무리나 청어 떼처럼 다른 육식 동물로부터 자신들을 보호하는 데도 크게 도움이 된다.

동물들이 스스로를 집단 내의 개체 단위로 인식하는 걸 '사회화'라고 하는데, 이는 늑대와 코끼리, 고릴라, 돌고래 등에게서 매우 분명하게 나타난다. 이들 집단에는 명확한 서열이 존재하고, 서로가 서로를 존중하는 만큼 결속력이 강하다.

이 또한 수많은 변종이 있는데, 그중 가장 중요한 것은 공생이다. 공생 관계에서는 두 가지 생명체 모두가 이익을 얻는다. 예를 들어 개미는 진딧물을 포식자로부터 보호하고, 그 대가로 진딧물에게서 '젖을 짠다'. 진딧물이 식물에서 빨아들인 단물을 개미가 좋아하기 때문이다.

몇몇 공생체는 자신만의 생명을 '창조'하기도 한다. 조류와 균류가 밀집된 군집에서 이끼 비슷한 것(지의류)을 볼 수 있는데, 하도 바짝 붙어 있어서 현미경으로 관찰해야만 구별할 수 있다. 여기서 조류는 광합성을 해서 영양분을 공급하고, 균류는 물과 영양분을 섭취하며, 지의류는 바위를 분쇄해 흙으로 만들어 생물들이 살아갈 수 있는 터전을 만든다.

대부분의 공생은 양쪽 모두에게 필수적이다. 식물과 균류의 공생에서는 영양소를 지속적으로 교환한다. 또 꽃식물과 꿀벌과의 공생에서는 영양 섭취와 꽃가루 수정을 통해 번식을 한다. 우리도 몸 안팎의 박테리아와 공생하면서 살고 있다. 몸속의 장내 박테리아에게 먹을 것을 대주면 영양분을 필수 영양소와 무기물로 분해한다.

공생이 언제나 영양분하고만 관련되는 것은 아니다. 아프리카에 사는 악어는 새들과 일종의 보호 협정을 체결한다. 악어와 새는 모두 모래톱에 알을 낳는다. 악어가 물속에 있는 동안 새는 알을 지킨다. 혹시라도 알을 훔쳐 먹으려는 강도가 다가오면, 새는 누구 알이든 상관없이 위험을 알리는 울음소리를 낸다. 그러면 악어가 달려와 침입자를 몰아낸다.

자연 속에 존재하는 또 다른 형태의 관계는 기생이다. 이 생존 전략에서는 한쪽 파트너인 기생 생물이 다른 파트너인 숙주, 즉 기생 생물에게 영양을 공급해 주는 생물을 희생시켜서 이익을 취한다. 물론, 기생 생물이 숙주를 직접 죽이지는 않는다. 숙주가 없으면 자신도 살아남을 수 없기 때문이다.

전형적인 기생 생물로는 이나 진드기처럼 성가신 것들이 있으며, 식물의 경우에는 겨우살이가 있다. 이들은 '외부 기생 생물'인 반면, 심각한 질병을 일으킬 수 있는 박테리아나 균류, 촌충과 같은 '내부 기생 생물'도 있다.

그 밖에도 생물권에는 수많은 관계가 있다. 포식자-먹이 관계도 있고, 같은 종이나 다른 종 사이의 친구 관계(사람과 개, 또는 사람과 고양이)도 있다. 이와 같은 관계망이 실제로 얼마나 촘촘하게 짜여 있는지는 아무도 알지 못한다. 하지만 지구상의 어떤 생명체도 결코 저 홀로, 자기 힘으로만 존재하지 못한다는 것만큼은 분명하다. 모든 것은 하나의

거대한 '서로 함께'이다.

살아 있다는 것은 결국 서로 연결되어 있다는 것을 의미한다. 지구의 모든 생명체는 끊임없는 물질 교환과 상호 작용이라는 거대한 그물로 연결되어 있다. 인간은 그 안에서 아주 작은 일부분을 구성하고 있다. 지구라는 거대한 거주 공동체 안에서 인간은 수많은 룸메이트 중 그저 '하나'일 뿐이다. 그런데 우리 인간들은 그 같은 사실을 전혀 다르게 인식하고 있는 듯하다.

제5장

인간이란, 어떤 생명체인가?

"인간은 너무나 자유로운 존재이기에,
자신이 생각하는 대로 살 권리를 인정할 수밖에 없다."

게오르그 크리스토프 리히텐베르크

인간은 특별하다?

상호 작용이라는 이 거대한 네트워크에서 우리 인간은 어디쯤에 있을까? 그게 알고 싶다면 동물원을 한번 방문해 보자. 그러고는 동물을 구경하는 대신, 그곳에 온 사람들을 유심히 둘러보는 거다. 동물원에는 아주 다양한 사람들이 찾아온다. 여성과 남성이 있고, 소년과 소녀가 있으며, 종종 아기도 보인다. 뚱뚱한 사람과 마른 사람, 키가 작은 사람과 큰 사람, 시끄러운 사람과 조용한 사람 들이 있다.

사람들마다 얼굴 생김새, 눈 색깔, 머리 모양이 다 다르다. 혼자 온 사람도 있고, 연인이나 가족과 함께 온 사람도 있다. 사람들은 누구나 저마다의 방식으로 말하고 행동한다.

그곳에 있는 사람들에게는 한 가지 공통점이 있다. 동물원에 방문하는 일을 너무도 당연하게 여긴다는 것이다. 전 세계의 대도시에는 대개

동물원이 있다. 동물원은 사람들이 가장 즐겨 찾는 나들이 장소 중 하나니까. 사실 동물들을 지켜보는 것은 꽤나 재미있다. 동물들은 멋지다. 그리고 귀엽다.

동물원은 동물을 관찰할 수 있는 나들이 장소 이상의 의미가 있다. 우리 인간들이 하는 일이 아주 잘 드러나는 곳이기 때문이다. 우리는 지구상에 사는 다른 생명체와의 사이에 경계선을 긋곤 한다. 동물원 한쪽에는 사람들이 있다. 그리고 다른 한쪽에는 다른 생명체가 우리나 새장, 수족관 등에서 살고 있다.

때로는 동물 이외에 이국적인 식물을 구경할 수도 있다. 동물원에 있는 동물은 사람들이 데려왔으며, 처음에 그곳에서 살게 된 부모나 할아버지·할머니, 또는 더 먼 조상들에게서 태어난 경우가 많다. 요즘에는 동물원에서 동물들을 가능한 한 적합한 환경에서 키우려고 노력한다. 그렇다고 해도 그들의 고향과는 완전히 다른 곳이라는 사실은 변하지 않는다.

우리는 그런 사실에는 전혀 관심이 없다. 동물들의 삶을 함부로 결정하고, 물건처럼 소유하려 들며, 우리가 원하는 것을 막무가내로 강요한다. 물론 지구상의 모든 동물이 동물원에 있는 것은 아니다. 그들은 공원과 보호 구역, 또는 우리들의 집에서도 살고 있다. (대자연이나 야생에는 이제 더 이상 그렇게 많은 동물들이 살고 있지 않다.) 그런 곳에서도 여전히 동물들은 우리가 허용하기 때문에 존재한다. 만약에 우리 자신을 위한 공간이 더 필요하거나 더 이상 머물게 해서는 안 되는 이유가 생긴다면 더는 함께 있지 못하게 되니까.

우리가 다른 생물과의 사이에 그어 놓고 있는 이 경계선은 인간의 특성 중 하나이다. 인간은 자기 자신을 매우 특별한 존재로 여긴다. 우리가 흔히 쓰는 표현에서도 쉽게 드러난다. "하는 짓이 꼭 짐승 같구나!", "돼지처럼 먹지 좀 마!", "남의 것을 흉내 내는 원숭이에 지나지 않아." 이런 말에는 동물을 경멸하는 의미가 담겨 있다. 물론, "우리 예쁜 똥강아지!"처럼 귀여운 표현도 있다. 또는, "호랑이처럼 용맹한 장수"나 "호랑이는 굶어 죽어도 풀을 뜯지 않는다!", "하는 짓이 꼭 여우처럼 깜찍하구나!"처럼 칭찬의 의미가 담긴 말도 있다.

반면에 "그는 정말 인간답게 행동했다."라거나 "그는 진짜 인간이다."

라고 말한다면, 우리 외의 다른 생명체와의 사이에 분명하게 경계선을 긋는 셈이다. 바로 이 지점에서 인간의 특별함이 시작된다. 나쁜 사람이나 어리석은 사람이 없다는 것이 아니라, 우리 모두에게는 다른 생명체와 구별되는 특별함이 있다고 말하고 싶어 하기 때문이다.

언뜻 이 같은 경계선을 그릴 만큼 충분하고도 합당한 이유가 있는 것 같기도 하다. 우리는 피라미드를 짓고, 거대한 도시를 건설하고, 교향곡을 작곡하고, 심장 이식 수술을 하고, 비행기로 세계 일주를 하고, 배를 타고 바다를 건너고, 그 작은 원자를 쪼개고, 휴대폰으로 서로 소통하고, 심지어는 달나라에도 갔다 오니까.

어디 그뿐인가? 쇼핑몰과 극장, 슈퍼마켓, 병원, 학교, 축구장, 고속도로 등 눈부신 문명을 구축하기도 했다. 사자든, 청어 떼든, 선인장이든, 지구상의 그 어떤 생명체도 이런 일을 이루어 내지는 못했다. 인간이 이룬 업적은 진정으로 유일무이하다. 그래서일까? 우리는 동물원을 통해 다른 생명체들과는 다르며, 우리야말로 정말 특별한 존재라는 사실을 끊임없이 상기시킨다.

그런데 이 같은 동물원에 또 하나의 아이러니가 존재한다. 즉, 우리가 건설한 문명에도 불구하고 다른 생명체와의 경계선이 생각보다 그리 명확하지 않다는 걸 깨닫게 만들기 때문이다. 다른 생명체와 별반 다를 것이 없다는 뜻이다.

유일하게 살아남은 인간, 호모 사피엔스

동물원 안을 좀 더 자세히 들여다보자. 팔과 다리가 있든, 날개나 지느러미가 달려 있든, 공기로 숨을 쉬든 물에서 산소를 걸러 내든, 자유자재로 움직이든 땅에 뿌리를 박고 있든, 우리 인간 또한 그곳에 있는 다른 생명체들처럼 살아 있는 유기체이다. 우리도 세포로 구성되어 있으며, 세대에서 세대로 전달되는 유전 정보 역시 다른 유기체와 같은 요소로 구성되어 있다. 따라서 아주 기본적인 단계에서는 해마, 짚신벌레, 사과와 크게 다르지 않다.

다른 유기체와 마찬가지로 우리도 신진대사를 하면서 생명을 유지한다. 물론 밥을 먹지 않고 1개월, 물을 마시지 않고 3~4일, 숨을 쉬지 않고 최대한 몇 분 정도는 버틸 수 있다. 하지만 궁극적으로는 평생 동안 우리 몸에 공기와 액체, 음식물 등 끊임없이 에너지를 공급해 줘야만 한다. 그렇지 않고도 살아갈 수 있는 사람은 이제껏 단 한 명도 없었고, 인간이 육체를 지니고 있는 한 앞으로도 결코 없을 것이다.

다른 생명체와 마찬가지로, 우리 인간도 번식을 해서 종을 유지한다. 우리가 그렇게 번식하지 않는다면, 채 백 년이 지나지 않아 지구상에는 단 한 명의 인간도 존재하지 않을 것이다. 좋든 싫든 우리는 언젠가 죽고 썩어 없어지기 때문이다.

우리는 다른 생명체와 이런 공통점을 갖고 있다. 진화도 마찬가지다. 말하자면 우리는 지구에서 펼쳐지는 자연적 돌연변이와 생존을 위한 투쟁의 결과이다.

우리는 우리가 스스로 창조한 것이 아니다. 우리가 발전할 수 있도록 자연이 필요한 조건들을 마련해 주었다. 인간의 역사 굽이굽이에서 자연은 결정적인 역할을 했다. 만일 그 과정에서 자연의 조건에 약간의 편차라도 발생했다면 달팽이나 참새, 쥐 등 인간이 아닌 다른 생명체가 지구상에 문명을 건설했을지도 모른다. 수백만 년 전, 거대한 소행성이 지구와 충돌하지 않은 채 아스라이 스쳐 지나갔더라면, 어쩌면 지금쯤 공룡들이 쇼핑몰과 학교, 극장을 짓고 있었을 수도 있다.

우리는 유기체의 영역에서 동물 '계'에 속한다. 생명을 이어 가기 위해서는 다른 동물들과 마찬가지로 식물, 균류 또는 동물과 같은 유기체를 먹어야 한다. 다른 동물과 마찬가지로 이 음식물을 에너지로 변환하고, 사용할 수 없는 찌꺼기는 배설해야 한다. 또, 다른 동물들과 마찬가지로 우리를 잡아먹으려는 동물들과 최대한 거리를 유지하면서 방어를 해야 한다. 그래서 동물원에 우리가 설치되어 있는 것이다.

동물의 영역에서 우리 인간은 척추동물 '문'에 속한다. 캥거루와 악어, 공작을 잠시 살펴보자. 그들은 언뜻 우리와 몹시 달라 보인다. 하지만 그들도 우리 인간과 똑같은 설계도에 따라 구성되어 있다. 그들의 몸은 우리와 마찬가지로 뇌와 척수를 연결하는, 아주 정밀하게 설계된 뼈로 지탱한다. 반면에, 해파리는 우리와 완전히 다르다. 단지 젤리 덩어리로만 구성된 생물이니까.

척추동물 '문'에서 인간은 포유동물 '강'에 속한다. '포유'란 말은 어미가 제 젖으로 새끼를 먹여 기른다는 의미이다. 즉, 우리는 우리 생애의 첫 시기를 어머니 배 속에서 보냈고, 태어난 후에는 대부분 어머니의 젖을 먹으며 자랐다. 한때 우리 모두는 젖먹이였던 셈이다.

생물의 분류는 계속 이어진다. 인간은 포유동물 '강'에서 '영장류'라고 불리는 영장 '목'에 속한다. 이들은 대개 숲속 나무 위에서 사는 크고 작은 동물로, 엄지손가락이나 발가락을 다른 네 손가락이나 발가락과 마주 보게 해서 핀셋처럼 사용한다. 그 결과, 손과 발이 매우 유용한 잡기 도구가 되었다.

물론 인간의 발은 다른 영장류와 다르게 발달했다. 더 이상 나무 위에서 살지 않기 때문이다. 그러나 동물원에 있는 개코원숭이, 긴팔원숭이, 여우원숭이의 손을 보면 우리와 같은 모양을 하고 있다.

마지막으로, 우리는 영장목에서 사람, 고릴라, 침팬지, 오랑우탄 등의 대형 유인원을 포함하는 사람 '과', 즉 호미니드(Hominidae)에 속한다. 모든 유인원과 마찬가지로 우리에게는 어깨 관절이 있어서 팔을 완전히 둥글게 돌릴 수 있다. 우리와 유인원 사이의 공통점은 이게 다가 아니다. 유인원 우리 앞에 서서 고릴라, 오랑우탄, 보노보, 침팬지가 서로 의사소통하는 방식, 애정을 주고받는 방식, 서로 다투는 방식을 관찰하다 보면 우리하고 얼마나 많이 닮았는지 금세 알아차릴 수 있다.

그렇다고 그리 놀랄 건 없다. 인간의 유전자는 침팬지 유전자와 거의 99퍼센트 일치하기 때문이다. (사실 침팬지는 인간 외에 전쟁을 하는 유일한 생물일 정도로 우리와 쏙 빼닮아 있다.) 물론 우리는 절대로 침팬지가 아니다. 생긴 모습도 다르고, 하는 행동도 다르다. 우리는 호미니드 안에서도 하나의 독자적인 '속'을 이룬다.

어느 시점에 이르러, 호미니드는 서로 다른 발달 과정을 밟게 되었다. 좀 더 정확히 말하면 약 600만 년 전, 아프리카 동부의 몇몇 호미니드는 나무 위에서 사는 것을 포기하고 숲 가장자리와 초원 지대에 정착했다. 그들은 곧 두 발로 서서 걷는 법을 배웠다. 그러면서 주변 환경을 더 잘 볼 수 있게 되었고, 두 손으로 단순히 몸을 지탱하는 대신 다른 일을 하게 되었다.

이러한 직립 보행은 우리 인간을 특징짓는 신체적 변화의 출발점이 되었다. 우리는 상황에 따라 적절하게 휘어지는 척추를 가진 유일한 영장류이다. 그리고 팔보다 긴 다리를 갖고 있다. 또, 피부에는 너무 더울 때면 땀을 흘려 체온을 낮추는 땀샘이 있다. 그 대신, 송곳니와 털가죽을 대부분 상실했다. (그나마 남자는 턱수염의 형태로 얼굴 털이 조금 남아 있다.) 우리 눈의 홍채는 어두운 색 대신에 흰색의 공막(각막을 제외한 눈알의 바깥벽 전체를 둘러싸고 있는 희고 튼튼한 막.—옮긴이)으로 둘러싸여 있어서 다른 사람이 바라보는 방향을 알아차릴 수 있다.

그 밖에도 아주 많은 차이점이 있지만, 궁극적으로는 지구의 모든 종이 다 특별하다. 신체적 특성이 다른 종과 저마다 다르기 때문이다. 단순히 신체적 특징만 가지고 다른 종들과 비교한다면 우리 인간은 그다지 흥미로운 편이 아니다. 최대 2톤의 힘으로 꽉 깨물 수 있는 악어의 이빨, 가볍게 날아올라 수천 킬로미터를 이동하는 새들의 날개, 또는 땅속의 지렁이 소리까지 들을 수 있는 고양이의 예민한 청력을 생각해 보라.

대신에 인간은 뇌가 매우 발달했다. 지금과 같은 문명을 건설하기 위해서는 잔인하게 물어뜯을 수 있는 이빨이 있거나 오래 날 수 있는 날개가 있거나 땅속의 지렁이 소리를 들을 필요가 없다. 그와는 다른 무언가가 필요하다.

약 200만 년 전, 우리의 직계 조상의 뇌는 강력하게 변화했다. 뇌가 커지면서 그 안에 있는 신경 세포(뉴런)의 수도 엄청나게 늘어났다. 왜 이런 일이 생겼는지는 정확히 알려져 있지 않다. 그저 두 발로 걷는 직립 보행이 중요한 역할을 했으리라고 추측할 뿐이다.

순전히 육체적인 관점에서만 본다면, 이 같은 변화는 결코 장점이 아니다. 갓 태어난 아기는 아주 큰 용량의 뇌로 인해 머리가 다른 신체 부위에 비해 엄청나게 크다. 출산을 할 때 산모와 아기 모두가 고통을 겪는 이유 중 하나이다. 게다가 큰 뇌는 그만큼 에너지를 많이 소모한다.

그러나 이 큰 뇌 덕분에 우리의 조상은 다른 동물들, 특히 다른 호미니드와 구분되게 해 주는 능력을 습득했다. 새로운 '속'인 호미니드, 즉 '호모(Homo) 속'이 출현한 것이다. 진화의 과정이 항상 그렇듯이, 매우 느리고 점진적으로 변화가 일어났다.

'호모 속'의 첫 번째 대표자인 인간은 '손재주가 있는 사람' 또는 '능력 있는 사람'이라는 뜻의 '호모 하빌리스(Homo habilis)'로, 그들은 아프리카 동부에 살았다. 그런 다음 '직립한 사람'이라는 의미의 '호모 에렉투스(Homo erectus)'와 함께, 두 발로 걸으며 아프리카에서 유럽과 아시아로 이주한 사람들이 출현했다.

그렇게 인간 '종'이 다른 인간 '종'을 뒤따라 나타났다. 그렇다고 해서 그들이 차례로 나타나 서로를 교체했다는 뜻은 아니다. 그들은 종종 같은 시대에 살기도 했다.

100만 년 이상 동안, 지구에는 호미니니의 다양한 변종들이 존재했다. 아프리카와 유럽과 아시아의 (큰 뇌를 가진) '호모 하이델베르겐시스(Homo heidelbergensis)'와 (그보다 작은 뇌를 가진) '호모 날레디(Homo naledi)', 아시아의 (매우 넓은 얼굴을 가진) '데니소바(Denisova)'인과 훗날의 (키가 매우 작고 발이 큰) '호모 플로레시엔시스(Homo floresiensis)', 유럽 및 서아시아의 (힘이 세고 눈썹 부위가 두툼한) '네안데르탈인

(Neanderthal)', 그리고 그 밖에도 아직 발견되지 않은 종들이 있었을 가능성이 매우 높다.

이러한 사람 '종'들은 서로 접촉하며 짝짓기를 계속했다. 그러다 단 하나의 종만 남게 되었다. '호모 사피엔스(Homo sapiens)', 즉 '이성을 지닌', '지적인', 또는 '슬기로운' 사람이라 불리는 바로 '우리'다. (자세히 보면 다른 '호미니니 사피엔스'가 있었기 때문에 '호모 사피엔스 사피엔스(Homo sapiens sapiens)'라고 불러야 마땅하지만, 일반적으로 두 번째 '사피엔스'는 생략하기도 한다.)

약 3만 년 전, 무엇 때문에 우리 사람 '종'만 살아남아 지구 곳곳으로 퍼져 나가게 되었는지는 정확히 알지 못한다. 몇몇 과학자들은 호모 사피엔스가 사막이나 극지방처럼 살기에 적합하지 않은 장소에서도 살아남은 유일한 사람 '속'이었다고 추측한다. 그렇다면 호모 사피엔스는 가장 위대한 적응 예술가였을지도 모른다. 또는 호모 사피엔스가 식량을 확보하기 위한 싸움에서 그 누구보다 잔인하고 무자비했으리라고 말하는 연구자도 있다.

우리가 이 질문에 명확한 답을 찾아내는 것은 불가능하다. 아주 오래 전 과거의 먼 시간에서 유래한 발견물들이 주는 암시나 힌트가 너무 부족하고 미미하기 때문이다.

우리가 정확하게 알고 있는 사실 하나는 뇌의 발달이 인간을 인간으로 만들었다는 것이고, 우리 인간은 한 가지 면에서만큼은 해삼, 스컹크,

잠자리, 오랑우탄, 침팬지와 근본적으로 다르다는 것이다.

다른 생명체와 달리, 우리에게는 지성과 정신, 생각하는 힘이 있었다. 생각하는 힘이 있다는 것은 무엇을 의미할까? 생각하는 힘의 어떤 점이 그렇게도 인간적인 것일까?

우리 인간을 구성하는 것

우리는 생각하는 힘, 지성, 정신과 같은 용어를 내세우면서 진정한 지능을 갖춘 생명체임을 표현하고 싶어 한다. 그러나 지능이 인간에게만 있는 게 아니라는 사실이 이미 오래전에 밝혀졌다.

다른 생물들도 꽤 지능적이다. 예를 들어 문어는 간단한 퍼즐을 풀 수 있다. 영양은 풀이 가장 무성한 곳을 기억한다. 코끼리 무리의 지도자는 몇 년이 지난 후에도 물을 마실 샘이 어디 있는지 찾아낸다. 그래서 가뭄이 닥쳐도 무리를 안전하게 이끌 수 있다. 또, 맹인 안내견으로 훈련받은 개들은 위험한 상황에서 번개처럼 빠르게 올바른 결정을 내려 주인의 생명을 구한다.

지능은 일반적으로 문제를 해결하는 능력을 뜻하는데, 대부분의 생물은 각자의 방식으로 이 능력을 지니고 있다. 물론 다른 생물들이 실제로 어느 정도 똑똑한지는 알지 못한다.

몇 년 전에 일본 도쿄에서는 까마귀들이 관찰과 추론만으로 복잡한 과제를 해결할 수 있다는 사실이 밝혀졌다. 그때 까마귀들은 물대포를

맞고 쫓겨날 운명에 처했다. 도시 한가운데에 둥지를 틀어 여러 가지 문제를 일으키는 바람에 시청의 미움을 샀기 때문이다. 그러자 까마귀들은 자신들의 둥지를 안전하게 지킬 방법을 궁리했다. 빨랫줄에 걸려 있던 철사 옷걸이를 물어다가 구부려서 자신들의 둥지가 물대포에도 끄떡없이 견딜 수 있도록 견고하게 만든 것이다. 도쿄 시청은 결국 까마귀 추방 계획을 포기했다.

그러니까 우리 인간을 다른 생명들과 구분지어 주는 것은 지능 그 자체가 아니다. 설사 생각하는 힘을 문제 해결 능력 이상의 특성으로 간주한다 할지라도, 다른 동물들이 가지고 있는 능력의 변형에 불과하다.

우리는 도구를 다루는 데 능숙하다. 하지만 다른 동물들도 도구를 사용한다. 원숭이는 땅에 있는 막대기로 곤충을 찔러 잡거나, 긴 나뭇가지를 이용해 개천을 건너기 전에 수심이 얼마나 깊은지 확인한다. 심지어 호주의 돌고래는 바다 밑바닥을 헤집어 먹이를 찾을 때 주둥이에 해면을 꽂아서 다치지 않게 조심한다.

우리 인간은 의사소통 능력이 뛰어나다. (다른 동물과 달리, 우리는 말하기에 매우 적합한 후두를 가지고 있다.) 하지만 다른 동물들도 서로 의사소통을 한다. 오랑우탄은 휘파람 소리를 내고, 버빗원숭이는 소리에 특정한 의미를 담는다. 큰돌고래는 각자 이름을 지어 주며, 저마다의 고유한 휘파람 소리로 서로를 알아본다.

최신 연구 결과에 따르면 식물도 화학 방향 물질의 도움을 받아 소리 없는 의사소통을 한다. 아카시아는 자신의 잎을 따 먹는 동물이 나타나면 이웃한 나무들에게 재빨리 그 사실을 알린다.

우리 인간은 사회적 동물이다. 그런데 코끼리, 원숭이, 돌고래, 늑대도 무리를 이루거나 가족과 어우러져 살아간다. 같은 종의 동료들과 함께 일하고, 외로움을 느끼고, 의식을 수행하고, 원숭이와 새 또는 개와 새끼 사슴처럼 친구가 되기도 한다.

우리 인간은 아주 다양한 감정을 지니고 있다. 그런데 다른 생명체도 감정을 보여 준다. 코끼리가 죽으면, 같은 무리의 코끼리들이 다가가 긴 코로 죽은 코끼리의 몸을 어루만진다. 때로는 죽은 코끼리 곁에서 며칠 동안 함께하기도 한다.

원숭이가 꽤 오랫동안 죽은 자식을 안고 다니는 것도 관찰되었다. 다른 종들도 사랑과 기쁨, 두려움, 분노의 감정을 드러낸다. 굴 앞에서 놀고 있는 어린 여우의 행복, 자신의 아기를 공격하는 사자에 맞서는 어미 기린의 용기, 도살장에 끌려가는 소나 돼지가 느끼는 공포 등을 예로 들 수 있다.

마지막으로, 우리 인간은 다른 생명체보다 좀 더 개별적인 성향을 드러낸다. 하지만 다른 동물들도 개별적인 특성을 가지고 있다. 그 사실을 확인하고 싶다면, 개나 고양이를 키우는 사람에게 직접 물어보면 된다. 아니면, 동물원에서 특정 동물을 오랫동안 관찰해 보자. 어느 시점에 이르면 같은 종의 동물들이라 할지라도 서로가 얼마나 다르게 행동하는지 알아차리게 된다.

과학이 지구의 동료 거주자들에 대해 더 많은 것을 알아낼수록, 인간과 다른 생명체 사이에 분명한 경계선을 긋기가 더 어려워진다. 왜냐하면 많은 동물이 바로 얼마 전까지만 해도 갖고 있지 못하다고 여겼던 특성을 보여 주고 있기 때문이다. 진화는 더 높은 목표를 향해 나아가는 과정이 아니며, 모든 생명체는 자신의 존재를 지키기 위해 저마다의 방식으로 주변 환경에 적응하고 진화하고 발전해 왔다.

그렇다고 해도 지금까지 밝혀진 수많은 연구 결과에 따르면, 우리 인간을 다른 생명체와 구별해 주는 뭔가 특별한 능력이 분명히 있긴 하다. 이 같은 능력이 어느 날 갑자기 빠르게 형성되었는지, 아니면 작은 단계들을 거치며 아주 조금씩 발달했는지는 분명하지 않다. 그러나 우리에게는 다른 생명체에게는 없는 능력, 심지어는 우리와 가장 가까운 친척인 유인원에게도 없는 능력이 뚜렷하게 있긴 하다.

무언가를 '상상'할 수 있는 능력

'사람들은 어떻게 하면 가능한 한 빠르고 쉽게 먹을 것을 구할 수 있을까?'처럼, 특정한 문제를 구체적으로 해결할 수 있는 방법에 대해서만 생각하는 것이 아니다. 사람들은 문제가 생기면 시나리오를 만든다. 미래의 상황을 그려 보고, 가능한 대안에 대해 생각하고, 결코 일어나지 않을 경우의 수까지 꼼꼼히 검토한다. 간단히 말해서, 사람들은 자기 자신과 특정한 상황을 뛰어넘어 훨씬 더 멀리까지 생각하는 것이다. 그리고 다른 사람의 입장까지도 배려해 고민한다.

물론 눈에 보이지 않거나 존재하지 않는 것까지도 고려해 생각하는 능력, 이른바 추상적이거나 상징적인 사고를 할 수 있는 능력이 오직 인간에게만 있는 것은 아니다. 쥐와 같은 일부 종들에게 어떤 상황을 시뮬레이션(복잡한 문제나 사회 현상 따위를 해석하고 해결하기 위하여 실제와 비슷한 모형을 만들어 모의적으로 실험하여 그 특성을 파악하는 일.—옮긴이)하는 능력이 있다는 게 오래전에 확인되었다. 이런 식으로 진화를 계속하다 보면 언젠가는 자기 자신을 뛰어넘어 생각할 수 있는 박새나 고래가 출현하게 될지도…….

어쨌거나 우리 조상이 자신만의 고유한 종으로서 결정적인 발걸음을 내디딜 수 있었던 것은 바로 이 능력 덕분이다. 다른 생명체와는 다르게, 머릿속으로 시나리오를 그려 보는 능력은 인간의 경우에만 두 살을 지나면서부터 급격히 발달한다. 그때부터 실제로 경험하지 '않고도' 특정 상황과 그 상황이 초래하는 결과를 상상하는 법을 배운다. 그러고 나서 그렇게 상상한 상황을 다른 사람과 공유하며 무엇을 좀 더 생각해 보아야 할지, 앞으로 어떤 일을 할 수 있을지, 나중에 어떤 사람이 될지 등등 더 많은 것을 알아낸다.

이러한 학습 과정이 끝나면 무한한 미래의 사건과 선택 가능한 대안 세계를 상상할 수 있게 된다. 물론 미래 사건의 대다수는 실현되지 않을 것들이다. 그래서 이 책의 저자 중 한 명은 우주 비행사가 되어 우주로 날아가 본 적이 없고, 다른 한 명은 행동 연구자가 되어 정글에서 살고 있지 않음에도 이 책을 쓸 수 있는 것이다.

많은 것들은 결코 현실이 될 수 없다. 상상한 미래의 사건들은 우리 세계에서 실현 가능한 범위를 훌쩍 뛰어넘기 때문이다. 그래서 뱀파이어와 요정, 도깨비가 사는 세계를 상상하고, 컴퓨터 게임 속에서 우리 자신이 마치 그런 환상적인 존재인 것마냥 행동하는 것이다.

우리 인간은 우리 머릿속에만 존재하는 대안 세계에서 많은 시간을 보낸다. 이 능력은 철저하게 인간적이다. 이것이 바로 우리를 매우 특별한 생명체로 만든다.

그러나 이 능력은 우리를 상당히 기이한 생명체로 만들기도 한다. 인간은 아마도 이제껏 지구상에 존재했던 것들 중 가장 이상한 생명체일 것이다. 어떤 면에서 그렇느냐고?

지구상에서 가장 기이하면서도 이중적인 존재

이 질문에 답하기 위해 우리 몸을 다시 한번 살펴보자. 우리 몸은 단지 '우리만'의 것이 아니다. 언급한 바와 같이, 우리 몸은 약 30조 개의 세포와 그만큼의 박테리아(성인의 체중 가운데 약 2킬로그램을 차지한다.)를 보유하고 있다. 이들 박테리아는 우리의 생존을 위해 매우 중요한 역할을 맡고 있지만, 그와는 별개로 단지 우리 몸 안에서 자신만의 고유한 삶을 누린다.

다른 예를 들어 볼까? 연구자들은 우리 인간에게 내면의 시계가 작동하고 있다는 사실을 발견했다. 이 내면의 시계는 학교나 사무실에서의 시각을 기준으로 돌아가는 것이 아니라, 낮과 밤의 자연적인 리듬을 따른다.

한밤에 도시의 인공 조명에 둘러싸여 있는 사람이라 할지라도, 소위 '생체 리듬'이라 불리는 이 내면의 시계를 벗어날 수는 없다. 그 영향력이 얼마나 강한지는 시차가 많이 나는 나라로의 비행기 여행과 같이 낮과 밤의 리듬이 깨지게 될 때 좀 더 분명해진다. 몸이 피로해지는 것뿐만 아니라 신진대사가 제대로 작동하지 않는다. 결국 우리는 일정한 간격으로 밝아지고 어두워지기를 반복하는 행성에서 살고 있는 셈이다.

우리가 이처럼 낮과 밤의 리듬에 맞춰 살고 있다면, 인생의 거의 절반을 '잠'으로 보내는 것이나 마찬가지다. 지속적으로 휴식이 필요하기 때문이다. 이 휴식 시간에 우리 몸은 기운을 회복하고, 뇌는 깨어 있는 동안에 경험한 것들을 처리한다. 먹고 마시고 숨 쉬지 않은 채 살 수 있는 사람이 없듯이, 잠을 자지 않고 살 수 있는 사람도 없다. 잠을 자지 않으면 결국 죽게 된다.

우리 몸은 시간이 지나면서 많은 변화를 겪는다. 신체는 점점 더 커지고 강해진다. 사춘기를 거쳐 어른이 되었다가 어느 시점에 이르면 차츰 쇠약해진다. 이 같은 과정은 호모 사피엔스의 몸에만 영향을 미치는 것이 아니다. 자연에서 일어나는 모든 일이 그렇다.

지구의 온도를 예로 들어 보자. 사람들은 예나 지금이나 늘 지구의 기후 변동에 적응해야 했다. 이 말은 가족이나 부족과 함께 너무 춥지도 않고 너무 덥지도 않은 곳을 찾아 끊임없이 옮겨 다녀야 했다는 뜻이다. 물론 지금은 그런 이동이 필요하지 않다. 가장 추운 곳에 가더라도 얼마든지 따뜻하고 아늑하게 만들 수 있으니까.

그러나 지구의 평균 기온이 단 몇 도만 떨어져도 지금 우리가 누리고 있는 것들은 순식간에 끝나 버리고 만다. 무엇보다 식량을 충분히 생산하지 못하게 된다. 반대로 평균 기온이 몇 도 올라간다면? 견딜 수 없을 만큼 뜨거워져서 상상하기조차 끔찍한 일이 일어날 것이다.

설사 앞으로 몇백 년 동안 평균 기온에 딱히 변동이 일어나지 않는다 할지라도 홍수나 해일, 폭염, 가뭄과 같은 자연재해는 인류 문명에 심각

한 영향을 미친다. 때로는 우리 힘으로는 도저히 막을 수 없는 엄청난 재난이 일어나기도 한다.

그만큼 우리는 자연에서 일어나는 일들로부터 자유롭지 못하다. 그 영향권에서 결코 벗어나 있지 못다는 얘기다. 평생 동안 고층 빌딩의 맨 꼭대기 층이나 화성의 보호 기지처럼 자연과 아무 관련이 없는 곳에서 산다 해도 마찬가지다. 우리는 원하는 만큼 앞으로 나아갈 수는 있지만 언제 어디서든 자연과 함께할 수밖에 없다.

따라서 인간이 다른 생명체나 자연과의 사이를 구분 짓는 경계선은 진정 부질없는 짓이다. 우리 삶이 펼쳐지는 기본 조건은 해삼이건 스컹크건 말벌이건 상관없이 똑같기 때문이다.

하지만 우리의 특별한 능력은 '머릿속에서' 이러한 기본 조건을 단계적으로 벗어나게 했다. 단순히 자연 속의 무언가를 이용하기 위한 지성이나 도구만이 중요한 역할을 하는 게 아니다. 그보다는 사람들이 자기 자신을 넘어 얼마나 폭넓게 생각하는지, 또 미래에 대해 얼마나 멀리까지 생각하는지에 달려 있다.

사실 지구상의 어떤 생명체도 인간만큼 먼 미래를 생각하지는 못한다. 어떤 면에서 보면, 미래는 우리 인간이 고안해 낸 것이라 할 수도 있다. 미래는 아직 일어나지 않은 사건들로 가득 찬 공간이며, 그러한 사건에 대해 생각하는 것이야말로 인간의 전문 분야이다.

물론 우리가 가장 집중적으로 생각하는 미래는 오로지 '인간의' 미래이다. 그 바람에 마치 우리가 더 이상은 자연의 일부가 '아닌 것처럼', 마치 뭔가 다른 존재인 것처럼 굴기 시작했다.

이는 사실 믿기 어려울 만큼 놀라운 사건이다. 만약 선인장이나 흰개미, 또는 양송이버섯이 어느 날 갑자기 자신들이 그 많은 생명체 중에서 뭔가 특별한 존재라고 생각하게 되었다면? 그래서 실제로는 자연의 일부임에도 불구하고 자연 세계에서 '탈퇴하기'로 결정 내렸다면? 그야말로 정신 나간 짓이 아니겠는가.

이것이 바로 우리 인간이 저지른 짓이다. 우리가 자연에서 벗어난다는 생각을 갖게 된 것은 어느 날 갑자기 떠오른 것이 아니라 수만 년에 걸쳐서 진행되어 온 과정이다. 정확히 언제쯤 자연에서 탈퇴하기로 마음먹고 첫걸음을 내딛었는지는 알 수 없다. 하지만 그 후로 기이할 만큼 이중적인 존재가 되었다. 말하자면 우리는 하나가 아니라 두 개의 세계에 동시에 살고 있었던 셈이다.

우리는 자연 세계의 일부이다. 그런데 이 자연의 세계를 떠나 오직 인간만을 위한 두 번째 세계를 만들었다. 이 두 번째 세계는 도시와 공장, 자동차와 비행기, 이메일과 스마트폰, 텔레비전의 각종 시리즈, 영화와 컴퓨터 게임과 채팅방, 정치와 법률, 학교와 직업, 종교와 전쟁 등 죄다 우리 인간들이 만들어 낸 것이다. 그 세계는 우리를 칭칭 둘러싸고 있어서, 마치 자연과 아무런 관련 없이 완전히 독립된 존재인 것처럼 느껴지게 만든다.

한번 생각해 보자. 우리는 배가 고파도 새처럼 숲에서 곤충을 사냥할 필요가 없다. 슈퍼마켓에 가서 필요한 것을 사거나, 식당에서 음식을 사 먹거나, 온라인으로 주문을 하면 되니까. 목이 마를 때도 사막의 낙타처럼 샘이나 물이 나오는 수원을 애써 찾을 필요가 없다. 수도꼭지만 틀면 물이 콸콸 흘러나온다.

겨울이 되어 바깥 날씨가 살을 에듯이 추워져도 별다른 어려움을 겪지 않는다. 우리에게는 원하는 만큼 따뜻하게 머무를 수 있는 집이 있으니까. 몸 어딘가가 아프거나 다리가 부러져도 자연적인 치유 과정에만 목을 매며 기다릴 필요가 없다. 병원에 가서 약을 처방받거나 수술을 받으면 그만이다.

이런 식으로 사람들은 자연을 지배하는 조건들로부터 점점 더 벗어나게 되었다. 정글, 사막, 초원에서 슈퍼마켓이나 수도꼭지, 그리고 병원 없이 살아가는 사람들을 가리켜 '자연인'이라고 부르는 데는 나름대로 그만한 이유가 있는 것이다. (과거에는 그들을 '야만인' 또는 '원시인'이라고 불렀다.) 18세기에 살았던 철학자 장 자크 루소는 인류 문명의 시작점을 우리가 '자연 상태'에서 벗어난 시점이라고 주장한다.

그러고 보면 우리 인간은 상당히 먼 길을 걸어온 셈이다. 다만 호모 사피엔스 이후 수천 년 동안 한 가지만은 결코 변하지 않았다. 인간은 여전히 무언가를 끊임없이 상상하고 생각하는 종이라는 사실이다. 즉, 끊임없이 이야기를 들려준다. 우리가 사는 세상, 그리고 우리 자신에 대해서 말이다.

사람들이 들려주는 세상 이야기

이야기를 들려준다는 것은 무엇을 의미할까? 인간이 스스로 창조한 두 번째 세계는 수도꼭지, 병원, 슈퍼마켓뿐만 아니라 믿음과 미신, 추정과 이론, 관습과 전설, 노래와 유머, 편견과 거짓말 등으로 가득 차 있다. 그리고 사람들이 서로에게 들려주는 수많은 이야기로 짜여져 있다. 우리는 사람들이 특정한 방식으로 행동하는 이유나 특정한 상황에서 왜 그런 일이 일어나는지 궁금해한다. 세상은 끊임없이 변하고 있고, 그만큼 우리의 이야기도 다양해진다.

그런데 여기에 아주 중요한 점이 하나 있다. 변화가 반대 방향으로도 일어난다는 사실이다. 다시 말하면 우리가 하는 이야기가 세상을 바꿀 수도 있다는 뜻이다.

사람들은 육체적으로는 서로 비슷해도 '문화적'으로는 매우 다르다. 지금까지 세상에 얼마나 많은 사람이 살았고, 또 살고 있는지 한번 생각해 보자. 산속으로 깊이 들어가 다른 사람들과 결코 어울리고 싶어 하지 않는 사람도 있고, 항상 누군가가 곁에 있어 주기를 바라며 가족과 절대 떨어지지 않으려는 사람도 있다. 다른 사람을 잔인하게 죽이는 사람이 있는가 하면, 남을 돕지 않고는 견디지 못하는 사람도 있다.

여성과 남성은 서로 다를 수밖에 없지만, 여성인지 남성인지 정확히 구분하기 어려운 사람도 있다. 알렉산더 대왕 같은 사람도 있고, 마하트

마 간디 같은 사람도 있으며, 도널드 트럼프 같은 사람도 있고, 제인 구달 같은 사람도 있다. 누구한테든 전혀 상관하고 싶지 않은 사람이 있는가 하면, 미친 듯이 누군가를 사랑하게 되는 사람도 있다.

그리고 바로 '여러분'도 있다. 여러분은 일찍이 존재한 적도 없고 앞으로도 다시없을, 그야말로 특별한 사람이다. 그러나 그런 여러분 또한 항상 똑같은 사람은 아니다. 이십 년 후에는 아마도 더 이상 지금의 여러분이 아닐 테니까.

우리는 무언가를 더 배울 수 있지만, 또 무언가를 다시 잊어버린다. 지난 수천 년 동안, 훌륭한 일 못지않게 잔혹한 행위와 어리석은 짓을 많이 저질렀다. 더없이 파렴치한 행동을 했으며, 위대한 용기와 탁월한 협력, 다정한 친절함을 뽐냈다. 많은 종들, 심지어 호모 '속'에 속하는 구성원들이 지구상에서 사라지는 데도 기여했다.

하지만 앞으로 다른 종이 멸종되는 것을 막을 수도 있다. 우리가 어떤 이야기를 나누느냐에 따라 좌지우지된다. 우리가 어떤 이야기를 믿고 어떤 이야기를 믿지 않는가에 달려 있는 것이다.

제6장

지구라는 행성의 지배자, 인간

"인간은 모든 것이 부서지고 미끄러지는,
즉 불행이 부추겨지는 세상에서 살고 있다.
그런 세상의 구성원 중 하나이다."

루트비히 비트겐슈타인

꼭 그래야만 하는 걸까?

사람들은 늘 특정한 장소에 있거나 특정한 상황에 처해 있다. 아, 갑자기 아주 본질적인 질문 하나가 머리를 스친다. 내가 여기서 대체 뭘 하고 있는 거지? 또는, 이게 다 뭐지? 어쩌면 여러분에게도 익숙한 질문일지도 모르겠다.

예를 들어, 학교에서 선생님 말씀에 귀를 기울이고 있다가 불현듯 스스로에게 묻는다. 학교는 왜 다녀야 하는 거지? 또는, 시내 한가운데를 걷다가 자동차들로 꽉 막혀 있는 도로를 보면서 스스로에게 묻는다. 이 많은 차들이 꼭 필요한 걸까? 상점에 들러 쇼핑을 할 때도 마찬가지다. 수많은 제품들을 보면서 스스로에게 묻는다. 대체 누가 이 물건들을 모두 필요로 하는 걸까?

심지어 하늘을 찌를 듯이 높게 솟아 있는 빌딩들 앞에 서서 자신이 한 마리 개미처럼 작게 느껴지기도 한다. 그 순간, 한 가지 질문이 떠오른다. 이 건물들은 왜 이렇게 높고 커야만 하는 걸까? 누가 이렇게 만들고 싶어 한 걸까?

물론 그런 순간을 항상 경험하는 것은 아니다. 오히려 아주 드물 수도 있다. 우리 삶에서 일어나는 일에는 대개 구체적인 이유가 있다. 우리가 학교에 가는 이유가 있고, 도시가 자동차로 가득 찬 이유가 있으며, 제품이 판매대에 산처럼 높다랗게 쌓여 있는 이유가 있고, 높디높은 빌딩들이 늘어서 있는 이유가 있다. 그러한 이유들이 선뜻 이해가 되지 않을 때면 스스로에게 말하곤 한다. "그건 원래 그런 거야.", "언제나 그래 왔잖아." 마땅히 내세울 만한 근거가 없는 경우엔 이렇게도 말한다. "사람이란 게 바로 그런 거지."

사람은 어느 하나의 특정한 방식으로만 '존재하지'는 않는다. (살아남기 위해서는 뭔가를 먹어서 몸에 영양분을 공급해야 한다는 점만 제외하면) 우리가 하거나 해야만 하는 일 가운데 '그냥 그래야 하는 것'은 아무것도 없다.

결국 우리가 하는 일은 전혀 다른 이야기들을 기반으로 삼고 있다. 무언가가 다르다는 데에는 나름의 이유가 있게 마련이다. 어째서 우리는 학교에서 뭔가 다른 것을 배워야 하는 걸까? 어째서 좀 더 적게 소유하는 삶이 더 낫다는 걸까? 또는, 도시에 자동차가 줄어들면 살기가 더 나아질까? 이 같은 질문은 끝없이 이어진다.

사람들은 원래 모든 것에 의문을 품을 수 있다. “대체 왜 그래야 하는 거지?”라는 질문은 우리가 던질 수 있는 가장 중요한 물음 중 하나이다. 누군가가 “그건 항상 그랬어.”라든지 “사람들은 원래 다 그래.”라고 말한다면, 정신을 바짝 차리고 정확히 어떤 의도에서 그런 말을 하는 것인지 따져 봐야 한다. 항상 그랬다면, 대체 ‘무엇이’ 항상 그랬다는 것인가? 사람들이 원래 그렇다면, 정확히 ‘어떠한’ 면이 원래 그렇다는 걸까? 막연하고 두루뭉술한 말은 어느 특정한 행동이나 비교적 짧은 특정한 시기와 관련되는 경우가 대부분이다.

때로는 ‘너무도’ 당연하게 여겨져서 그런 질문을 할 생각조차 들지 않기도 한다. 예를 들면 우리 인간이야말로 지구상의 삶을 주도하는 생명체라고 할 때가 그렇다.

이 말이 옳지 않을 수도 있다는 생각을 한다는 것만으로도 뭔가 특이하다고 할 수 있다. 이제껏 들어 왔던 모든 것이 이 말에 동의하게 만들기 때문이다. 인간은 아주 특별한 생명체이며, 지구상 어느 곳에서나 살고 있다. 또, 인간은 지구를 근본적으로 변화시켰다. 역사책에서 ‘세계사’를 언급할 때, 이는 당연히 우리의 역사, 즉 인류의 역사를 의미한다.

그리고 어느 날 외계의 생명체가 지구에 착륙한다면, 그들은 개미나 해조류를 만나기 위해서가 아니라 우리 인간을 만나기 위해 찾아온 것일 터이다. 지구는 ‘우리의’ 행성이니까. 지구상의 지배적인 생명체인 우리는 ‘왜’ 이 같은 견해에 좀처럼 의문을 제기하지 않는가? 우리는 어떻게 해서 이 세계의 주인이라고 믿게 되었을까?

한곳에 정착하다, 신석기 혁명

우리 인간을 조금 더 자세히 들여다보면, 지구를 지배하고 있다는 사실이 꽤나 놀랍게 느껴진다. 사실 인간은 아주 나약한 생명체이기 때문이다.

사람들은 그리 오래 살지 못한다. 아직까지는 100세 넘어 사는 사람이 많지 않다. 그에 비해 북극해에 서식하는 그린란드상어는 우리보다 4배, 보리수나무는 심지어 10배 더 오래 산다. 사람들은 수시로 먹어야 한다. 하지만 덩치 큰 악어는 일 년에 한 끼만 먹어도 충분하다. 심지어 사막의 사구아로선인장은 몇 달 동안 물을 주지 않아도 끄떡없다. 사람들은 특정 온도 범위 내에서만 견딜 수 있지만, 펭귄이나 사막딱정벌레는 아주 낮은 온도나 아주 높은 온도에서도 별 어려움 없이 살아간다.

다른 생명체들과 달리, 인간은 지구의 조건에 대처하기 위해 집을 짓고, 옷을 입고, 안경을 쓰는 등 갖가지 보조 수단을 사용한다. 45억 년에 이르는 긴 시간 동안, 지구의 기후 조건은 매우 열악했다. 그 당시에 인간이 존재했더라면 전혀 대처하지 못했을 것이다. 인간이 지구에 처음 모습을 드러냈을 때만 해도, 언젠가 지구 전체로 퍼져 나가 지배종이 되리라고 암시할 만한 건 딱히 없었다.

하지만 걸어서 이동하며 새로운 장소를 찾아내는 것이 바로 호모 사피엔스의 특징이다. 그렇게 해서 우리 종의 첫 번째 대표자는 약 8만 년 전에 아프리카를 떠났다. 그리고 6만 7천 년 전에 아시아와 동남아시아, 뒤이어 오스트레일리아에 도달했고, 4만 년 전에는 유럽, 2만 년 전에는 북아메리카, 1만 3천 년 전에는 남아메리카에 도착했다.

무엇이 그들을 그처럼 멀리 이동하게 만들었을까? 사람들은 종종 반대편에, 언덕 저 너머에, 그리고 바다 건너에 무엇이 있는지 알고 싶어 한다. 이러한 '호기심'은 매우 중요한 요인 가운데 하나이다. 그러나 지구에 사는 다른 생명체와 마찬가지로, 단순히 생존 가능성, 충분한 물, 무엇보다도 먹을 것을 구하는 게 가장 급선무였다.

사람들은 자신이 사는 지역에서 구할 수 있는 것으로 생계를 유지했지만, 더 이상 사냥할 동물이나 따 먹을 열매가 남아 있지 않으면 다른 지역으로 이동을 했다. 그 같은 일은 꽤나 자주 일어났는데, 그 당시는 기후가 계속해서 변하는 바람에 생활 조건 역시 끊임없이 바뀌었기 때문이다.

우리 행성은 약 3백만 년 전에 이르러서야 비로소 눈에 띄게 시원해졌다. 그때까지만 해도 지구는 매우 뜨겁게 달궈져 있었다. 그 후로는 빙하기와 간빙기(빙하기와 빙하기 사이의 시기로 기후가 비교적 따뜻했다.—옮긴이)가 약 10만 년을 주기로 번갈아 나타났다. 왜 그랬는지 아직까지도 밝혀지지 않았다. 연구자들은 태양이 일정한 주기로 열을 많이 방출했다가 적게 방출했다가를 반복했으리라고 추측한다.

마지막 대빙하기는 지금으로부터 약 10만 년 전에 시작되었다. 당시에는 평균 기온이 요즘보다 5도에서 6도 정도 더 낮아서, 빙하와 극지방의 빙원(지표의 전면이 두꺼운 얼음으로 덮여 있는 극지방의 벌판.—옮긴이) 이 엄청나게 넓어졌다. 그만큼 물이 얼음으로 변하는 바람에 해수면이 약 130미터가량 낮아졌다. 이 마지막 빙하기의 흔적은 지금도 찾아볼 수 있다. 빙하에 떠밀려 온 거대한 바윗돌(표석)이 여기저기 흩어져 있다.

빙하기에도 기온 변화는 계속되었고, 그로 인해 비옥하던 사바나가 사막으로 변했다. 거꾸로 황무지가 초원 지대로 바뀌기도 했다. 그래서 호모 사피엔스 종의 대표자들은 수만 년 동안 유목민이 되어 지구 곳곳을 떠돌았다.

사람들은 더 이상 유목민으로 살아가지 않지만, 우리 핏속에 흐르는 조상들의 유산만큼은 그 누구도 부정할 수 없다. 팔보다 긴 다리는 우리가 한때 무시로 이동하며 살았던 사냥꾼이자 채집인이었다는 사실을 꾸준히 상기시켜 준다.

그러다 아주 특이한 일이 일어났다. 약 1만 1천 년 전에 마지막 대빙하기가 끝나고 간빙기가 찾아왔다. 물론, 그런 상황 자체는 결코 이상한 일이 아니었다. 그런 일은 계속해서 일어나고 있었기 때문이다.

한 가지 분명한 사실은 인류의 문명, 그러니까 우리 인간이 수천 년에 걸쳐 창조한 것들이 이 간빙기가 없었다면 결코 존재하지 않았으리란 사실이다. 충적세로 접어들면서 인간은 비로소 지구를 완전한 삶의 터전으로 만들었다.

이제 사람들은 더 이상 수렵이나 채집에 의존하지 않았다. 마지막 빙하기가 끝나면서, 인류 역사상 두 차례의 위대한 혁명 중 하나라고 일컫는 일이 일어났다. 오늘날의 중동 지역을 시작으로, 세계의 거의 모든 지역에서 사람들이 유목민의 삶을 버리고 한 곳에 정착해 농부와 목축가가 되었다.

바로 이것이 신석기 혁명이다. 수렵과 채집에만 의존하던 인류가 농경이라는 전혀 새로운 차원의 생산 양식을 발명함으로써 사회·문화적 발전을 이룬 것이다. 마침내 인간이 자연을 필요에 맞춰 변화시키기 시작한 셈이다.

이 같은 변화는 당시로서는 하나의 혁명이었다. 수천 년 동안 인간은 주변의 자연에 적응하면서 살아남았다. 그런데 그들이 한 곳에 머물며

튼튼한 집을 짓고, 숲을 개간해 농지와 목초지를 일구기 시작했다. 자신의 생각에 따라 자연을 이리저리 바꾸며 야생 식물과 야생 동물을 길들였다. 아니, 자연을 전부 길들였다. 그렇게 해서 사냥꾼과 채집인은 농부와 수공업자가 되었다.

사람들은 더 이상 자연에서 벌어지는 사건이나 과정에 의존하지 않았다. 오히려 그 과정에 어느 정도 영향을 미쳤는데, 이는 그들에게 아주 이롭게 작용했다. 이제부터는 생존을 확보하는 것만이 아니라, 더 크고 더 편안한 집, 더 예쁘고 더 좋은 옷, 더 다양하고 더 맛있는 음식과 음료, 더 실용적이고 더 성능이 뛰어난 좋은 도구와 무기 등, 삶을 '개선'하는 것이 중요해졌다.

신석기 혁명은 인류의 역사와 지구의 역사에 큰 전환점을 가져왔다. 이것은 지구의 모습을 완전히 바꾸는 과정의 시작이었다. 이러한 변화는 충적세가 인간에게 적합한 무대를 마련해 주었기에 가능했다. 인간에게 비교적 유리한 온도가 유지되었던 것이다.

충적세에 호모 사피엔스의 시대가 열리면서 처음으로 특정한 시간적 패턴이 나타났다. 이 시기에 나타난 계절의 변화, 즉 봄·여름·가을·겨울의 명확한 순서는 장기적인 계획을 세울 수 있는 토대를 제공했다. 사람들은 특정한 시기에 씨앗을 뿌리고 수확을 했다. 또, 어느 지역에서 어떤 식물과 동물이 잘 자라는지 알게 되었고, 유난히 추운 겨울이 지나가면 따스한 봄이 찾아온다는 사실도 깨달았다.

"3월에 비가 많이 내리면 수확이 적어지고", "9월 날씨가 온화하면 겨울이 그리 춥지 않다."와 같은 농부들의 경험이 쌓여 법칙 같은 것이 생겨났다. 이 같은 삶의 지혜는 세대에서 세대로 오래오래 전해졌다.

계절의 변화는 거의 비슷했다. 사람들은 정해진 패턴에 익숙해진 나머지, 유난히 많은 비가 내렸던 여름이나 농사를 완전히 망치게 만들었던 가뭄처럼 뜻밖의 사태를 편차로 인식하기 시작했다.

예를 들어, 1270년과 1900년 사이에 두 차례에 걸쳐 한파와 함께 소빙하기가 찾아왔다. 유럽에는 매우 추운 겨울과 몇 주 동안 비가 계속 내리는 여름이 이어졌다. 그럴 때마다 흉년이 들어 기근이 발생했는데, 그 결과 곳곳에서 수백만 명이 사망하고 폭동과 전쟁이 일어났다. 사람들은 그 모든 것이 신이 내리는 벌이거나 사악한 세력 때문이라고 굳게 믿었다.

그래서일까? 1560년에서 1660년 사이의 유럽에서는 시도 때도 없이 마녀 재판이 벌어지고 수많은 사람이 화형에 처해졌다. 결국에는 아무 죄 없는 사람들이 자연에서 벌어진 끔찍한 재앙에 대한 책임을 뒤집어쓴 채 억울하게 핍박을 받으며 죽어 가야 했다.

어쨌거나 충적세는 비교적 안정되게 이어지는 시기여서 비단 인간뿐만 아니라 다른 생명체들도 반복되는 자연의 패턴에 익숙해졌다. 이제 알래스카의 회색 곰은 연어가 태어난 곳으로 회귀하는 시기와 장소를 정확히 알아차렸다. 그래서 연어가 지나가는 길목을 지키고 있다가 냉큼 잡아먹었다. 아프리카 대초원의 동물들은 우기가 시작되면 먹을 것과 마실 물이 풍부해진다는 사실을 깨달았고, 철새는 가을이 되어 살던 곳을 떠날 때와 봄이 되어 돌아올 때를 스스로 알아채었다.

사람들에게는 단순히 생존의 문제뿐만 아니라 삶의 의미, 통치 형태, 그리고 아름다운 예술 작품처럼 다양한 질문에 전념할 수 있는 절호의 기회가 주어졌다. 이는 당연히 인간이 문명을 구축할 수 있는 전무후무한 기회였다.

충적세의 1만 년이라는 시간은 눈 깜짝할 만큼 짧은 순간에 불과하다. 우리 지구는 이미 45억 년 동안 존재해 왔기 때문이다. 지구의 나이를 하루라고 친다면, 충적세의 1만 년은 채 일 초도 되지 않는다.

그렇다 해도 한 사람의 수명과 비교한다면, 1만 년이라는 시간은 아주 길다. 그래서일까? 사람들은 언제부턴가 서로에게 "그건 항상 그래 왔어."라고 말하기 시작했다. 자신들이 한때 유목민이었으며 수렵인이자 채집인으로서 이곳저곳을 떠돌며 살았다는 사실을 잊어버린 것이다. 자신들이 한때 자연에서 일어나는 일들에 종속되어 있었다는 사실도 까맣게 잊었다. 그 대신, 점점 더 자신이 자연을 지배하고 있는 것처럼 느끼게 되었다. 이는 훗날 두 가지의 심각하고 치명적인 결과를 초래한다.

인간의 필터로 자연을 바라보다

하나는, 세상에서 일어나고 있는 모든 일, 세상에서 마주하게 되는 모든 것, 그리고 우리가 행하고 있는 모든 것을 인간의 관점에서 바라보기 시작했다는 점이다. 아마 모든 생명체는 기본적으로 자신의 관점에서 세상을 바라보지 않을까? (우리가 제아무리 상상력을 발휘한다 해도 올빼미나 바퀴벌레의 입장이 되어 세상을 바라볼 수는 없으니까.)

하지만 인간은 자신의 관점에서 보는 것을 넘어 세상에다 일종의 '인간 필터'를 씌운다. 이 말은 곧 인간이 없는 세상은 더 이상 생각할 수 없다는 뜻이다. 이 인간 필터가 얼마나 강력한지는 우리 자신의 이야기, 즉 인류의 발생에 관한 이야기를 어떻게 펼쳐 나가는지를 주의 깊게 들여다보면 좀 더 분명해진다.

간단히 요약하면 다음과 같다. 맨 처음 지구의 생명체는 원시적이었다. 그러다가 점점 더 영리하고 약삭빨라졌다. 그 가운데서 인간은 진화가 만들어 낸 가장 영리하고 가장 약삭빠른 생명체가 되었다. 이야기 끝!

실제로 우리 인간을 35억 년 동안 진행된 진화 과정의 논리적이고 당연한 최종 결과, 그러니까 궁극적 목표로 삼지 않은 경우는 눈을 씻고 찾아봐도 없다. 마찬가지로, 인간을 맨 꼭대기에 두지 않은 생명의 계통도(사물의 계통 관계를 나타낸 그림.—옮긴이)도 찾아보기 힘들다.

그러나 이 같은 설명은 지구에서 실제로 일어났고 지금 일어나고 있는 일들과 조금도 일치하지 않는다. 이미 살펴보았듯이, 생명의 진화는 모든 방향에서 동시에 진행된다. 진화의 궁극적인 결과나 목표 따위는 존재하지 않는다. 그저 계속해서 진행될 뿐이다. 그러나 충적세에 접어들면서 인간은 자신에 대한 새로운 관념을 발전시키고, 모든 면에서 가장 비범한 생명체로 여겼다.

이러한 생각은 시종일관 인류의 역사 전체를 꿰뚫고 있다. 고대 그리스의 철학자 플라톤은 그 유명한 '동굴의 비유'에서 물질적인 세계, 즉 동물과 식물, 그 밖의 모든 사물의 세계를 그림자의 세계로 보았다. 물리적 세계는 궁극적인 실체가 아니라고 생각했던 그에게는 영적인 과정만이 '실재'했다. 이는 오직 인간에게만 부여된 능력이었다.

플라톤이 인간에 대해 최초로 주장한 이 같은 고유한 특성과 자리매김은 위대한 종교에서 더욱더 증폭되었다. 종교는 신이 다른 누구도 아닌 바로 우리 인간을 선택해서 세상을 다스리도록 했다고 말한다. 신은 단지 우리에게만 영혼이라는 특성을 부여했고, 살아서 올바르게 처신한다면 죽은 다음에도 멋진 삶이 기다리고 있을 거라고 약속했다.

물론 종교에서 가장 높은 권세는 여전히 신에 의해 행사되고, 이 신은 다양한 방식으로 인간에게 신적인 특성의 일부를 부여한다. (예를 들어, 기독교의 하나님은 자신의 아들 예수 그리스도를 인간화한 구세주로서 이 땅에 보내는 방식을 택한다.)

그러나 중세가 끝나고 1700년경에 계몽주의 시대가 도래하면서 종교는 세상일에서 점점 밀려났다. 사람들이 자신의 운명을 스스로 개척하기 시작한 것이다. 더 이상 어떤 신에게도 예속되기를 원하지 않았고, 자기 자신을 '최고의 존재'라고 선언했다. 신에 의한 지시나 명령 따위는 더 이상 필요하지 않았다. 인간은 자기 스스로 다른 모든 생명체와 자연

위에 우뚝 서 있었으니까.

이는 인류의 사고에 극적인 변화를 가져왔다. 곧 오직 인간만이 이 세상에서 무엇이 정말로 가치 있고 무엇이 그렇지 않은지를 판단할 권리를 갖고 있다는 사실을 의미했다. 예를 들어, 중세 시대에는 논밭을 망가뜨린 멧돼지와 같은 동물들에 대한 재판이 열렸다. 그때는 동물에게도 어느 정도의 독자성을 부여했던 셈이다. 하지만 계몽주의 시대가 열리면서 그 같은 일은 더 이상 일어나지 않았다. 동물은 이제 사람에게 소유권이 있는 사물로만 여겨졌기 때문이다.

그와 동시에 사람들은 다른 생명체를 점점 더 인간화했다. 자신의 자아를 다른 동물에게 반영하여 나타내고, 동물을 좋거나 나쁜 의도를 가진 '인간'으로 해석했다. <장화 신은 고양이>나 <늑대와 일곱 마리 아기 염소> 같은 동화, 또는 동물 우화에 나오는 교활한 여우와 영리한 올빼미처럼 말이다.

오늘날의 우리도 마찬가지다. 말하는 동물들이 등장하는 영화를 예로 들어 생각해 보자. 영화 속에 나오는 동물들은 자신의 본래 특성과 상관없이 그저 인간과 똑같이 행동한다. 우리는 자동차나 컴퓨터, 로봇과 같은 사물들도 인간화한다.

심지어 과학자들도 종종 인간의 안경을 통해서 세상을 바라본다. 예를 들어, 과학자들이 자연을 가리켜 그저 "잔인하다."고 말한다면 이 또한 자연을 인간적으로 해석한 결과라고 할 수 있다.

천문학자들은 지구가 우리 은하계에 있는 수십억 개의 행성 중 하나에 불과하다는 사실을 발견했다. 찰스 다윈은 우리 인간이 진화의 목표가 아니라 우연에 의한 하나의 결과일 뿐이라는 사실을 밝혀냈다.

하지만 그 같은 위대한 발견으로도 우리 자신에 대해 갖고 있는 '자기평가'를 조금도 바꾸지 못했다. 여전히 우리 자신을 세상에서 일어나는 모든 일의 중심에 놓고 있다. 자연에서 무엇이 가치 있고 무엇이 그렇지 않은지를 결정하는 주체로 인식하고 있는 것이다.

인간의 필요에 따라 길들이다

이는 충적세에서 비롯된 두 번째 결과, 즉 세계의 실질적인 변화였다. 그러니까 인간의 필터를 통해 자연을 바라볼 뿐만 아니라, 인간적인 목적과 이익을 위해 자연을 변형하고 적응시키는 것이다.

이 과정은 지구상의 모든 곳에서 똑같이 진행되지는 않았으며, 동일한 속도로 발생하지도 않았다. 예를 들어, 북아메리카는 16세기에 유럽인들이 도착하기 훨씬 전부터 사람들이 살고 있었지만 특별히 눈에 띌 만한 자연의 변화가 일어나지 않았다. 하지만 유럽의 상황은 전혀 달랐다. 자연의 변화가 심각하게 일어났다. 그때부터 유럽인들이 점차적으로 다른 대륙을 발견하고 이동하여 정착했다.

이로써 자연은 인간들이 지구 곳곳에서 벌이는 강력한 개입과 침범을 마주하게 되었다. 거대한 숲이 있던 자리에 개간 사업으로 논밭과 목초지가 들어섰다. 뒤이어 마을과 도시가 생겨났으며, 거미줄 같은 길과 도로가 만들어졌다. 강줄기의 물길이 점점 막혔고, 물가에는 방앗간이 설치되었으며, 늪은 자꾸자꾸 매립되었다. 습지는 배수로를 파서 경작지로 바뀌었고, 광산의 갱도는 더욱더 깊어져 갔다.

그래도 지금과 비교하면 지구의 풍경은 상당히 많은 부분이 모래와 관목, 그리고 물로 덮여 있었다. 그때만 해도 사람들은 수많은 웅덩이와 연

못과 늪과 호수를 마주했다. 하지만 지금은 그때 마주쳤던 늑대와 곰, 그리고 수많은 다른 동물들이 멸종되거나 삶의 터전에서 쫓겨나고 말았다.

자연은 시간이 지나면서 인간에게 점점 더 정복되었다. 17세기 중반부터 인구가 급격하게 증가하면서 더 많은 경작지와 더 많은 생활 공간, 더 많은 도로, 더 많은 나무가 필요해졌다. 몇몇 동물과 식물들은 인간의 필요에 따라 길들여지고 개량되고 재배되었다. 인간이 없었다면 옥수수도, 보리도, 쌀도, 밀도 없었을 것이다. 야생벌은 집에서 치는 꿀벌로 품종이 개량되었다. 야생 염소와 야생 양은 가축이 되었다. 소와 말과 닭 역시 야생 조상들의 후손이다.

우리 인간이 아니었다면 결코 존재하지 않았을 생명체도 등장했다. 앞서 말한 개도 그렇지만, 암말과 수탕나귀의 교배로 태어난 노새도 인간의 '발명품'이다.

그에 반해 길들일 수도 없고 먹을 수도 없어서, 인간에게 쓸모가 없어진 종들은 유해한 동식물로 분류되었다. 들쥐, 집쥐, 여우, 두더지, 족제비, 비버, 그리고 가축이나 논밭의 농작물이나 과일나무에 해를 끼치는 수많은 새와 곤충들이 그렇다. 그래서 사냥을 당하고 죽임을 당했다. 가축을 잡아먹는 등 자원을 놓고 인간과 경쟁했다는 이유로 적으로 간주된 곰이나 늑대는 거의 멸종될 위기에 처했다.

우리 인간이 자연을 바라볼 때 거치게 되는 필터는 자연에 큰 변화를 불러왔고, 이러한 자연의 변화는 그 필터를 다시금 강화시켰다. 그로 인해 계몽주의가 시작된 17세기와 18세기의 유럽에서는 프랑스 철학자 르네 데카르트가 말했듯이, 인간이 '자연의 주인이자 소유자'라는 견해가 나타났다. 또 다른 철학자 조르주 루이 르클레르 드 뷔퐁은 심지어 인간은 '지구의 주인'으로서 '타락한 자연'을 '수리'하거나 '개선'할 권리와 의무가 있다고 말하기도 했다. 프로이센의 프리드리히 대왕 또한 아주 간단명료하게 "토지를 개량하고 버려진 땅을 일구고 늪을 말려 경작지로 개간하는 사람은 야만을 정복하는 자이다."라고 떠벌렸다.

자연은 야만, 즉 유용한 목적에 아무 도움이 되지 않는 무언가로 이해되었다. 물론 인간 외의 다른 생명체는 그런 생각을 전혀 하지 않는다. 인간이라고 해서 다 그렇게 생각하는 것도 아니다. 예를 들어, 아메리카 원주민은 자연을 정복할 대상으로 여기지 않았다. 그들이 살았던 드넓은 땅을 소유하거나 경작하려 하지도 않았고. (이는 결국 유럽인들에게 그들의 땅을 빼앗을 구실을 제공했다.)

18세기에 들어서서도 인간은 상당히 오랜 기간에 걸쳐 자연에 개입을 했다. 그러다 마침내 극적인 일이 일어나게 되었다.

산업 혁명의 신호탄

사람들은 계속해서 자연을 길들이고 정복하다가 놀라운 발견을 하기에 이르렀다. 석탄을 태우면 많은 양의 에너지가 발생한다는 사실을 깨달은 것이다. 이 에너지를 활용해 증기 기관을 비롯한 여러 기계들을 작동시켰다.

이 같은 발견은 인류 역사상 두 번째로 위대한 혁명인 산업 혁명의 시작을 알리는 신호탄이었다. 어둠 속에서 시작되었던 신석기 혁명과는 달리, 산업 혁명의 경우에는 누가 출발 신호를 쏘아 올렸는지 정확하게 알려져 있다. 바로 영국의 엔지니어이자 발명가인 토머스 뉴커먼이었다.

지금 그의 이름을 기억하는 사람은 거의 없으며, 그가 살았던 당시에도 결코 유명 인사는 아니었다. 그는 1729년에 세상을 떠났고, 그의 추모사는 그를 단지 '불로 물을 퍼 올릴 수 있는 놀라운 기계의 발명가'였다고만 간략히 소개하고 있다. 이는 사실 너무나 절제되고 아쉬운 표현이다. 뉴커먼은 그가 발명한 '놀라운 기계'로 인류를 새로운 시대로 이끌었기 때문이다.

석탄이 불에 잘 탄다는 사실을 발견한 사람은 정작 뉴커먼이 아니었다. 사람들은 이미 오래전부터 그 사실을 알고 있었다. 그 당시 영국의 인구가 빠르게 증가하고 있었기에, 밭을 일구고 주택을 짓고 경제 활동을 펼치는 데 필요한 에너지를 제공하기 위해 점점 더 많은 숲이 개간되었다. 땔감으로 쓸 나무가 부족해지자 사람들은 석탄에서 대체 가능성을 찾으려 했다. 그러나 대부분의 탄광이 습한 지역에 있어서 지하수가 침투해 더 깊이 묻힌 석탄을 캐내기가 어려웠다.

바로 이때 토머스 뉴커먼이 등장했다. 그는 석탄을 태워 발생하는 열로 물을 끓인 뒤 그 과정에서 생겨난 수증기를 사용하여 펌프의 피스톤을 움직이는 기계, 즉 '증기력 양수기'를 설계했다. 이른바 '뉴커먼 기관'이라고 불리는 이 기계는 땅속 석탄층에 고인 지하수를 퍼 올린 다음 더 깊은 곳으로 파고 들어가 석탄을 캐내는 데 쓰였다. 그렇게 해서 캐낸 석탄으로 사람들은 더 많은 기계를 돌렸고, 그러기 위해서 더 많은 석탄을 채굴해야 했다.

석탄과 같은 천연자원을 화석 연료라고 부르는데, 수백만 년 동안 땅 밑 깊숙한 곳에 저장되어 있었기 때문이다. 화석 연료에는 석탄 말고도 석유와 가스가 있는데, 아주 오래전부터 태양 에너지를 저장해 온 나무와 그 밖의 식물의 잔해로 만들어진다. 따라서 화석 연료를 태우면 수백만년 된 엄청난 힘이 방출되는 셈이다.

원유 1배럴, 그러니까 약 160리터가 방출하는 에너지를 생산하려면 한 사람이 25시간 동안 자전거를 타야만 한다. 그런데 이제 뉴커먼의 기

계를 사용해 땅속 깊숙이 저장되어 있던 이 에너지를 손쉽게 끄집어내어 사용할 수 있게 되었다.

1만 년 전쯤 농경과 목축이 시작된 후, 인류 역사상 두 번째로 중요한 전환점이 찾아왔다. 이른바 산업 시대가 시작된 것이다. 이때부터 인간은 지칠 줄 모르는 에너지 생산자가 되었고, 그들이 만든 에너지는 더 많은 에너지를 생산하는 데 쓰였다.

에너지는 인류의 역사에서 언제나 중요한 역할을 맡아 왔다. 하지만 이런 방식으로는 아니었다. 그들은 나무와 이탄(땅속에 묻힌 지 오래되지 않아 완전히 탄화하지 못한 석탄.—옮긴이)을 태우거나 풍력과 수력을 이용했다.

여기서 집을 짓거나 물건을 운반할 때는 인간의 것이든, 아니면 소나 당나귀나 말과 같은 동물의 것이든 근육의 힘이 사용되었다. 이 근육이 힘을 내는 데 쓰이는 에너지는 인간과 동물의 영양 공급원인 식물에서 나왔다. 그리고 식물에게 필요한 에너지는 태양에서 비롯되었다. 따라서 인간이 수천 년 동안 지구상에서 이룩한 모든 것은 태양 에너지에서 나온 것이다.

그런데 뉴커먼이 에너지의 형태를 변환하는 방법을 찾아냈다. 이는 석탄 한 덩어리나 기름 1리터를 태워 다른 무엇인가를 움직이게 하는 방식이었다. 완전히 새롭고 혁명적인 원리였다. 지금 우리의 모든 기술은 바로 이 원리를 기반으로 하고 있다. 이 원리의 발견 및 증기 기관의 발명과 더불어, 인류 문명은 마치 브레이크 장치가 고장 난 자동차처럼 거침없이 질주하기 시작했다. 광산뿐만 아니라 직조기와 방적기를 움직이는 데도 증기 기관을 사용해 실과 직물을 대량으로 생산했다.

이 기술을 선로 위에 놓인 차량처럼 무언가를 움직이는 데도 사용할 방법을 궁리하기 시작했다. 1830년 9월 15일, 마침내 영국에서는 리버풀과 맨체스터 두 도시를 잇는 최초의 열차 노선이 개통되었다. 이 같은 흐름은 더 이상 멈추게 할 수가 없었다. 사람들은 이제 '무엇이든' 움직이게 만들으니까.

오래지 않아 내연 기관이 발명되면서 단 한 세대 만에 운송 체제를 근본적으로 바꿔 놓았다. 그 뒤에는 전기 에너지를 이용하기 시작했다. 이는 냉장고에서 스마트폰에 이르기까지, 지금 우리가 사용하는 모든 전기 장치를 가동하게 해 주었다. 그 후 사람들은 원자 한 개에 저장된 엄청난 양의 에너지를 방출시켜, 전기를 생산하고 차량을 운전하고 폭탄을 만들었다.

그리하여 수천 년 동안 사람들이 태양과 계절의 변화에 맞춰 해 왔던 것에서 벗어나 자기만의 고유한 리듬을 만들어 내기에 이르렀다. 그 후 인류 역사의 새로운 장이 활짝 열렸고, 사람들은 새로운 이야기를 하기 시작했다. 바로 '진보'에 대한 이야기였다.

'진보'라는 단어는 삼백 년 전까지만 해도 전혀 알려지지 않았다. 그런데 언젠가부터 사람들이 앞다투어 진보에 대해 이야기하기 시작했다.

왜냐하면 일찍이 사람들이 이뤄 놓았던 모든 것이 산업 혁명을 거치며 빠르게 변해 갔고, 그 같은 세상의 변화는 심지어 한 사람의 일생 동안에도 무서운 속도로 진행되었기 때문이다.

사람들은 전 세계에 걸쳐 철도와 도로를 구축했으며, 일부 지역에서는 그 연결망이 너무나 촘촘해서 더 이상 자연이 차지할 자리가 없을 지경이었다.

거대한 가속의 시대

사람들은 처음에는 열기구를 타고 하늘로 올라갔고, 그다음에는 제트기를 타고 하늘을 날았다. 그리고 마침내 우주선을 타고 지구를 떠났다.

이 모든 것은 일찍이 자연이 경험한 적 없는 개입이었다. 중국에서는 20세기 중반에 '철강 캠페인'을 벌이며 무분별한 벌목을 한 탓에 단 몇 달 만에 전체 삼림의 10퍼센트가량이 파괴되었다. 미국에서는 미시시피강에 댐과 제방을 건설하기 위해 군대가 투입되었다. 아이슬란드에서는 600만 리터의 물을 퍼부어 화산에서 흘러나온 용암의 방향을 바꾼 뒤 냉각시켜 아래쪽에 자리한 항구를 위험에서 지켜냈다.

그렇다고 세상이 대규모로만 변한 건 아니다. 원자 수준에서도 혁명이 일어났다. 러시아 화학자 드미트리 이바노비치 멘델레예프는 1869년에 '원소 주기율표'를 발표해 화학 원소를 깔끔하게 정리했다. 20세기에는 이 시스템을 이용해 강철이나 플라스틱처럼 새로운 소재를 비롯해 살충제나 의약품 같은 물질이 생산되었다. 이 급격한 변화는 식물과 동물, 그리고 인간의 삶에까지 큰 영향을 미쳤다.

에너지 사용이 늘어나면서 생산성이 높아졌는데, 이는 농업 분야에 특히 큰 영향을 미쳤다. 산업 혁명은 제2의 농업 혁명이기도 했다. 식량 생산에 새로운 방식이 도입되었는데, 트랙터와 콤바인(곡식을 베는 일과 탈곡하는 일을 한꺼번에 하는 농기계.—옮긴이)이 인간이나 동물이 힘을 써서 했던 작업을 대신 떠맡았다. 게다가 인조 비료와 살충제를 사용하면서 생산량이 눈에 띄게 높아졌다.

짧은 시간에 많은 수확량을 얻도록 개량된 품종의 식물도 등장했다. 옥수수, 쌀, 밀 등의 재배 식물에서 품종 개량이 잇따랐다. 이러한 과정에서 자연적이고 전통적인 재배 식물들이 모습을 감추었다. 그 대신 효율적으로 성장해 큰 이익을 가져다주는 식물들만 재배하기에 이르렀다.

그리고 수세기 동안 인간과 함께 살아온 가축들은 공장의 제품 신세가 되었다. 인공적인 환경에서 평생을 보내며 몸뚱이를 키우는 데만 집중하게 된 것이다. 그곳에서 어떻게 사느냐는 전혀 개의치 않았으며, 그들이 얼마만큼의 이익을 가져다줄 수 있는지만 중요하게 여겼다.

이 같은 상황은 우리가 마시는 우유를 생산하는 슈퍼 젖소와도 직결된다. 가슴살 발육에 주안점을 두고 사육되는 육계나, 작은 닭장 안에 격리된 채 끊임없이 알을 낳는 산란 닭에게도 큰 영향을 미치고 있다. 아주 짧은 시간 안에 몸집을 키워야만 하는 양식장의 물고기도 마찬가지다.

인간은 품종 개량 프로그램으로만 동물과 식물을 자신들의 필요에 맞게끔 변화시킨 것이 아니다. 유전자 구성에도 개입하여 자신들에게 유용한 신종 식물과 동물을 만들어 냈다. 최근 들어서는 특정 질병을 일으키는 수정란의 세포를 선별해 추려 내거나 유전 형질에서 특정 질병의 요인을 제거함으로써 인간의 진화에까지 영향을 미치고 있다. 인간은 산업 혁명이 시작된 후로 주변의 모든 것을 점점 더 자신들에게 적합하게 만들었던 것처럼 인간마저도 그렇게 조작하려 들고 있다.

아무리 생각해도 이건 정신 나간 이야기이다! 우리의 세계가 완전히 변한 것은 이제 겨우 삼백 년밖에 안 된다는 사실을 명심해야 한다. 물론 그 삼백 년 동안 많은 일이 일어났다. 수백만 명이 죽고 마을이 끔찍하게 파괴되는 전쟁이 몇 차례 있었다. 전구, 전화, 페니실린, 엑스레이 기계, 피임약, 컴퓨터, 인터넷, 태양열 에너지 같은 위대한 발명품도 있었다. 더불어서 민주주의와 의료 보험, 노동권, 여성의 권리, 세계 인권 선언 같은 사회적 성과도 있었다.

그러나 사람들은 그 모든 시기 동안에도 한 가지만은 결코 멈추지 않았다. 점점 더 많은 에너지를 생산했고, 점점 더 많은 에너지를 소비했다. 그러기 위해서 점점 더 많은 숲을 벌목했고, 점점 더 많은 늪과 습지를 뭍으로 바꿔 놓았다. 더 많은 제방과 댐을 건설했고, 더 많은 강들의 흐름을 돌려놓았으며, 더 많은 산을 통과하는 터널을 뚫었다. 더 많은 도로와 더 많은 공장과 더 많은 자동차와 더 많은 배, 그리고 더 많은 비행기를 만들었다.

모든 것은 점점 더 빨라진다. 너무너무 빨라서, 제2차 세계 대전이 끝난 1945년 이후의 시기는 '거대한 가속(The Great Acceleration)'이라고 불릴 정도이다. 인류가 그렇게 많은 에너지를 생산하고 소비하고, 그렇게 많은 상품을 생산한 적은 일찍이 없었기 때문이다.

지금 우리는 21세기에 살고 있다. 호모 사피엔스 '종'의 대표자들은 방해가 되는 모든 위험과 장애물을 극복하고 세계 구석구석을 자신들의 식민지로 만들었다. 뿐만 아니라 지구 전체를 변화시키는 발명품을 만들었다. 오늘날 우리가 바라보는 하늘조차도 더 이상 삼백 년 전의 하늘이 아니다. 인간의 여러 가지 활동으로 아주 많이 달라졌기 때문이다.

제7장

위험하고 무모한 사상 최대의 실험

*"힘세고 덩치 큰 남자를 슬쩍 밀친다 해도
딱히 별일이 일어나지는 않는다. 우리 지구는 꽤 강한 편이다.
그런데 세상에! 우리의 밀침이 지구를 비틀거리게 만들었다."*

빌 맥키번

거대하고도 위험한 실험, 원자력 발전소

1954년 6월 27일, 러시아 모스크바에서 남서쪽으로 약 100킬로미터 떨어진 작은 마을 오브닌스크에 세워진 세계 최초의 원자력 발전소에서 전기를 생산하기 시작했다. 바야흐로 원자력이라는 새로운 에너지원이 탄생한 것이다.

원자핵을 쪼개면 생성되는 원자 에너지는 그 당시에는 미래의 기술로 간주되었다. 에너지의 생산 단가가 비교적 저렴한 데다 공기를 오염시키지 않으면서도 엄청난 양의 전기를 공급하기 때문이었다. 우라늄 원자가 분열하면 탄소 원자를 태울 때보다 5천만 배 더 많은 에너지가 방출되었다. 이로써 에너지 문제가 해결된 것처럼 보였고, 마침내 산업 시대의 사람들은 진정한 에너지 대식가로 거듭났다.

그런데 원자력 발전소에서 원자력을 생산하는 과정에서 매우 위험한

방사선이 방출되었다. 1950년대만 해도 발전소를 안전하게 건설하기만 하면 충분히 제어할 수 있다고 여겼기에 전 세계적으로 원자력 발전소가 차례차례 가동되기 시작했다. 그러다 1986년 우크라이나의 체르노빌과 2011년 일본의 후쿠시마에서와 같이 원자력 발전소에서 끔찍한 재앙이 발생했다. 비로소 안전한 원자력 발전소를 건설하는 것이 가능한 일인지에 대한 의문이 제기되었다.

하지만 지금 31개 나라에서는 450기가 넘는 원자력 발전소가 여전히 가동되고 있고, 50기 이상의 원자력 발전소가 건설 중이다. 원자력을 이용하는 나라 중 독일 같은 극소수 국가만이 사용을 중단했다.

우리에게 1954년 6월 27일은 단순히 원자력을 처음 사용한 날인 것만이 아니다. 그날 시작된 일은 먼 훗날 우리 모두가 머리를 싸매고 고

심하게 될 결과를 불러왔다. 그 당시에는 누구도 원자력 발전 과정에서 생겨나는 방사성 폐기물을 어떻게 처리해야 하는지에 대해 많은 생각을 하지 않았기 때문이다.

방사성 폐기물은 지난 수십 년 동안 특수 용기에 넣은 채 어딘가에 임시로 보관해 왔다. (때로는 그냥 바다에 버리기도 했다.) 그런 상황은 지금도 변함이 없다. 사람들은 지하 깊숙한 곳에 방호 동굴을 판 뒤 고방사성 핵폐기물을 영구 저장할 계획을 세우고 있지만, 아직까지는 전 세계 어디에도 그런 저장 시설은 존재하지 않는다.

설사 그런 시설이 있다고 해도 근본적인 문제가 해결되는 건 아니다. 앞으로 10만 년 후에 어떤 일이 일어날지 누가 장담할 수 있을까? 지진이 일어나 핵폐기물을 밖으로 노출시킨다면? 어쩌면 미래의 사람들이 그곳에 치명적인 물질이 보관되어 있다는 사실을 까맣게 모른 채 핵폐기물 저장소의 문을 확 열어젖힐지도. 또는, 또는, 또는…….

1954년 6월 27일, 대부분의 역사책에서 언급되고 있지 않은 이날은 바로 우리 인간이 지구의 지배자가 아니라는 사실을 상징적으로 보여주고 있다. 우리는 결코 지구의 지배자가 아니다. 앞으로도 그렇게 되지 못할 것이다. 첫 번째 원자력 발전소가 가동되던 날, 사람들은 그저 막연히 미래 세대가 핵폐기물 처리 문제를 해결해 주기를 바랐다. 달리 말해, 사람들은 아무런 대책도 없이 거대한 실험을 함부로 시작했던 것이다.

이것이 바로 1954년 6월 27일이 모든 역사책에 마땅히 기록되어야 하는 이유이다. 왜냐하면 인류 문명은 장기간에 걸친 무모하면서도 무계획적인 거대한 실험을 함부로 자행했기 때문이다. 사람들은 아주 오랫동안 불을 가지고 실험한 끝에, 마침내 제어하는 방법을 알아냈다. 그리고 제 기능을 발휘하지 않는 도구로 실험을 계속하다가 적절한 도구를 찾아냈다. 사람들은 무기로 실험을 거듭하다가 다른 생명체를 효율적으로 죽일 수 있는 무기를 개발했다. 심지어 생명체를 대상으로도 실험을 했다. 그들이 개량한 많은 동식물의 품종은 원하는 결과를 얻어내지 못하면 아무렇게나 버려졌다. 인류가 시도했다가 실패한 실험들을 모두 적는다면 아마도 꽤 긴 목록이 될 것이다.

그나마 이러한 실험의 결과는 대부분 어느 정도 예측이 가능했고, 아주 가까운 미래에 한해서만 효과를 발휘했다. 그러나 원자력의 경우는 다르다. 무모한 실험은 지구상의 생명체에 매우 오랜 시간 동안 치명적인 영향을 미칠 듯하다. 그리고 이는 바로 미래 세대가 처리해야 할 숙제로 남게 될 것이다.

원자력 이용이 초래한 결과는 매우 극적이고도 광범위하다. 그런데 인간들은 그보다 훨씬 더 극적이고 광범위한 실험을 또 하기 시작했다. 이는 지구 전체를 대상으로 한 것으로, 진정 사상 최대의 실험이라 일컬을 만하다. 이 실험이 어떤 결과를 이끌어 내게 될지는 그 누구도 알지 못한다.

재생 가능한 자원의 끝?

이 사상 최대의 실험은 이미 수천 년에 이미 시작되었다. 모든 생물은 지구상에서 발견하는 물질을 자신의 필요와 목적에 맞게끔 사용한다. 박테리아, 곰팡이, 식물 또는 동물은 먹은 것을 에너지와 배설물로 변환시킨다. 우리는 밥을 먹고 나서 화장실에 간다. 새들은 둥지를 지을 때 나무나 덤불을 다른 형태로 바꾼다. 우리가 흙이나 돌 같은 재료로 집을 지을 때도 마찬가지다.

이는 거의 모든 생명체의 공통점이다. 그런데 우리 인간은 지구의 다른 거주자들과는 달리 하나의 문명을 건설했다. 그 과정에서 지구의 물질들을 삶을 유지하거나 비바람으로부터 보호하기 위해 다른 용도로 많이 사용한다. 땅에서 금속을 캐내 자동차, 비행기, 배, 전화기, 컴퓨터를 만든다. 모래에 다른 재료를 섞어 콘크리트를 만들고, 도로를 깔고, 고층 빌딩과 쇼핑몰과 공장을 세운다. 또 나무를 벌목해 탁자와 선반, 종이, 예술 작품 등으로 바꿔 놓는다. (여러분이 읽고 있는 이 책도 한때는 나무였다.)

심지어는 어떤 물질로도 만들어지지 않은 것처럼 보이는 인터넷조차도 실제로는 엄청난 양의 원료를 변화시킨 프로세서와 데이터 센터 광섬유 케이블 같은 것이 있어야 사용 가능하다. 우리 인간은 본래 자연에 존재하는 물질을 추출하고 활용해 원래와 다른 무언가로 변환시킨다.

이미 말했듯이, 이 과정은 수천 년 동안 계속되어 왔다. 산업 혁명 이

후에는 점점 더 속도를 내기 시작했다. 저렴하고 효과적인 에너지원인 화석 연료 덕분에 땅속으로 파고 들어가 깊숙이 매장되어 있던 자원들을 꺼내 활용했다.

그리고 1950년대 중반, 원자력을 사용하면서 '거대한 가속'이 시작되었다. 인류 역사상 지난 수십 년만큼 인간들이 자연에서 그처럼 많은 물질을 취하여 다른 무언가로 변환시켰던 적은 일찍이 없었다.

사실, 그렇게 해서는 안 될 이유는 없다. 지구에는 인간이 사용할 수 있는 것이 너무나 많으니까. 지구는 말 그대로 엄청나게 거대하다. 하지만 '엄청나게 거대하다'는 것이 결코 지구가 '무한히' 크다는 것을 의미하지는 않는다. 지구상의 그 어느 것도 무한하지 않다. 우리가 필요에 따라 특정 물질을 계속 사용하고 소비한다면, 결국 어느 시점에 이르렀을 때 더 이상 존재하지 않게 된다.

우리가 필요로 하는 에너지를 생산하는 데 기반이 되지만 새로 형성되는 데는 수백만 년이 걸리는 석유나 석탄, 천연가스 같은 화석 원료, 또 알루미늄과 구리, 코발트, 아연 같은 금속이 없다면 우리가 사용하는 기계 장치들은 한순간에 작동을 멈출 것이다. 우라늄 또한 땅에서 채굴하는 금속이라서 계속해서 무분별하게 사용하다 보면 언젠가는 바닥이 날 게 뻔하다.

그런 시기가 정확히 언제일지는 천연자원마다 다르다. 저마다 매장량이 다르고, 또 사람들이 채굴하는 양도 다르기 때문이다. 몇몇 천연자원은 지금 얼마나 남아 있는지조차 알지 못한다. 그 밖에도 이제까지 접근하기 어려웠던 자원의 광맥(암석의 갈라진 틈에 유용 광물이 많이 묻혀 있는 부분.—옮긴이)을 개발하기 위해 새로운 채굴 방법을 계속 연구하는 중이다.

암석의 갈라진 틈으로 화학 성분의 액체를 고압으로 밀어 넣은 뒤 기존의 방법으로는 접근하기 어려웠던 곳의 원유와 천연가스를 채취하는 '수압 파쇄법(fracking)'이 개발되었다. 그러나 그곳에 묻혀 있는 천연자원도 어느 시점에 이르면 더 이상 사용할 수 없게 될 것이다. 우리 인간이 제아무리 창의적인 방법을 찾아낸다 할지라도 우리가 유한한 세상에서 살고 있다는 사실만큼은 그 누구도 바꿀 수 없다.

이처럼 일정한 한계가 있다는 말은 단지 화석 원료나 금속에만 적용되는 것이 아니다. 이른바 '재생 가능'하다고 불리는 자원도 마찬가지다. 다시 말해 물이나 공기, 비옥한 토양과 같이 계속 사용할 수 있거나, 나무나 동물처럼 늘 자라는 자원의 경우에도 일정한 한계가 있다는 것이다. '재생 가능한 자원'이라는 말은 언뜻 언제든지 무제한으로 사용할 수 있는 자원이라는 의미인 것처럼 들린다. 그러나 이건 사실이 아니다. 집중적으로 사용하다 보면 이들 또한 충분하게 재생되지 않거나 아예 재생되지 않을 수도 있다.

해마다 숲에서 나무를 베어 낸다고 생각해 보라. 베어 내는 양과 속도가 다시 자라는 것보다 더 많거나 빠르다면 숲은 언젠가 더 이상 존재하지 않을 것이다. 처음에는 이러한 상황이 눈에 띄지 않아서 여전히 쓰기에 충분할 만큼 나무들이 자라고 있는 것처럼 보일지도 모른다. 하지만 나무를 베어 내면 낼수록 숲은 재생력을 잃어버릴 수밖에 없다.

대규모 산불이나 엄청난 위력의 태풍, 소나무재선충과 같은 해충이 순식간에 숲을 파괴할 수도 있다. 그러나 나무가 자라는 속도는 대부분 매우 느리고, 망가진 숲을 재건하거나 새로운 숲을 조성하는 데는 아주 오랜 시간이 걸린다.

강이나 호수, 바다는 어떨까? 짧은 시간에 너무 많은 물고기를 잡아 그 수가 줄어든다면, 언젠가는 더 이상 물고기가 존재하지 않는 순간이 찾아온다. 또, 땅속의 지하수가 너무 빨리 소진되어 숲이나 초원에서 더 이상 물을 공급받을 수 없게 된다면, 언젠가는 우리가 마시는 식수도 말라서 없어질 것이다.

경작지를 지나칠 정도로 혹독하게 사용하여 땅의 기운과 활력이 점점 더 떨어지면? 언젠가 그 땅은 더 이상 농사를 짓기에 적합하지 않게 될 수밖에 없다. 비옥한 토양의 농지가 하루아침에 사라지는 경우도 아주 흔하다. 즉, 그 위에 새로운 도로가 건설되거나 공업 지대가 들어서면 다른 용도로는 더 이상 사용할 수 없게 되니까.

그렇다면 재생 가능한 자원이 바닥 나는 시점은 언제쯤일까? 재생 불가능한 자원의 경우처럼 그 시점은 저마다 다르다. 다만, 한 가지 사실만큼은 똑같이 적용된다. 모든 자원은 제한된 범위 내에서만 사용 가능하다는 것! 그런데 우리는 마치 지구를 제 마음대로 사용할 수 있는 권리라도 있는 것처럼 행동한다. 지구를 서서히 갉아먹고 있는 것이다.

또 한 가지 기억해야 점은 우리가 사용하는 모든 것이 이 지구에 그대로 남게 된다는 사실이다. 마치 마법을 부리듯 그냥 사라지지 않는다. 가령, 플라스틱은 원래 지구상에 없었던 물질이다. 석유를 비롯해 원료로 플라스틱을 만들어 사용한 후에는 아무렇게나 버린다.

플라스틱은 1907년에 개발되었는데, 지금처럼 사용되기까지 수십 년이 걸렸다. 이제는 거의 모든 분야에서 사용된다. 플라스틱의 1인당 연간 사용량이 한국 13킬로그램, 미국 94킬로그램, 일본 66킬로그램, 독일 40킬로그램에 이를 만큼 거의 모든 분야에서 사용되고 있다. 무엇보다 가벼운 데다 금속 못지않게 견고하고 튼튼해서이다.

그런데 이 같은 특성은 거꾸로 치명적으로 작용하기도 한다. 자연 속에 버려진 플라스틱이 강과 호수, 바다로 흘러 들어가게 되면, 사백 년 동안이나 썩거나 분해되지 않은 채 그대로 남아 있기 때문이다. 자연 속에 버려지는 플라스틱 제품 중 빨대와 병, 쇼핑백 등은 우리가 단지 몇 분 동안 사용하기 위해 만드는 것들이다.

전 세계 사람들이 농사를 지으며 점점 더 많이 사용하고 있는 거름이나 화학 비료도 문제다. 이들 모두는 질소가 풍부하여 수확량을 높이는 데 도움이 된다. 과거에는 흉년이 들거나 수확량이 충분하지 않아 기근이 자주 발생했지만, 이제는 현대적인 농업 방식 덕분에 그런 일이 일어나지 않는다. 그러나 엄청난 양의 거름과 화학 비료가 땅에 뿌려져 축적되면서 심각한 결과를 초래한다. 그 양이 너무 많아 땅이 다 흡수되지 못한 질소는 빗물에 씻겨 강과 바다로 흘러 들어가면서 그곳의 생태계를 망치고 있다.

이 같은 사실은 들판으로 나가 주위를 둘러보면 금세 확인할 수 있다. 거름이나 비료를 잔뜩 주어서 봄이면 온통 초록빛을 띠는 '비옥한 초원'에서는 민들레 외에는 꽃이 거의 자라지 않는다. 그에 반해 '척박한 초원'에서는 무수한 꽃과 다양한 풀들이 자라나 생명의 기운이 넘쳐난다.

대기 중의 이산화 탄소도 지구를 변화시키고 있는 우리 인간의 산물이다. 물론 우리가 직접 이산화 탄소를 만들어 내는 것은 아니다. 이산화 탄소는 이미 수백만 년 전부터 지구에 있어 왔다. 그러나 대부분의 이산화 탄소는 땅이나 화석 원료, 식물 속에 탄소 형태로 '묶여' 있었다.

예를 들어 몸을 따뜻하게 하기 위해 나무를 불에 태우면, 이제껏 나무에 묶여 있던 이산화 탄소가 대기 중으로 뿜어 나온다. 석탄, 석유, 천연가스를 태워 에너지를 만들 때는 훨씬 더 많은 이산화 탄소가 방출된다. 이런 식으로 대기 중으로 뿜어져 나온 이산화 탄소는 사라지지 않고 수백 년 동안 공중에 머물며 지구를 점점 더 따뜻하게 데운다.

수십 년이라는 세월이 흐르는 사이, 이런 것이 지구에 해를 끼칠 거라고 걱정한 사람은 거의 없었다. 대부분의 사람들은 당연하단 듯이 이렇게 말했다.

"이것은 전혀 새삼스러운 일이 아니야. 우리는 옛날부터 늘 자연을 이용해 왔어. 인간은 항상 지구를 변화시켜 왔다고."

언뜻 보면 이 말 또한 맞긴 하다. 실제로 인간은 자신들의 목적을 위해 쉼 없이 지구를 변화시켜 왔다. 수천 년 후에도 인간이 여전히 존재한다면 그렇게 할 것이다. 그러나 동시에 이 말은 잘못된 것이기도 하다. 단지 과거하고만 연관 짓고 있기 때문이다.

지금 이 순간, 우리 인간이 지구에서 하고 있는 일은 완전히 새로운 것이다. 우리가 저지른 짓은 지금껏 인류 문명이 초래했던 그 어떤 변화와도 비교할 수 없다. 지구가 충적세 내내 유지해 왔던 균형을 처참하게 무너뜨렸기 때문이다.

지구의 균형을 무너뜨린 세 차례의 타격

인류 문명이 펼쳐질 수 있었던 무대가 어떻게 해서 생겨났는지 다시 한번 생각해 보자. 약 1만 1천 년 전, 극한의 기후가 진정되고 지구의 기후가 온화해지면서 세계의 거의 모든 지역에서 사람들이 농사를 짓고 정착지를 건설했다. 이 주거지는 훗날 거대 도시로 발전했다.

지구의 평균 기온은 기껏해야 섭씨 1도 정도를 오르락내리락했다. 인간을 비롯한 모든 생명체는 계절의 규칙적인 변화에 적응했고, 세대에서 세대로 이어지며 그 같은 기후가 언제까지고 계속될 것이라고 믿어 의심치 않았다. 지구의 생물권을 지탱해 주는 순환 과정은 절대로 변하지 않을 것이라고 말이다.

물론 그렇게 믿을 만한 이유가 있었다. 충적세는 그만큼 안정적인 시대였고, 가까운 미래에 새로운 거대 빙하기가 찾아올 것임을 예고하는 과학적 증거가 발견되지 않았다. 다시 말해, 인류는 충적세에 꽤 성공적으로 정착했다.

지구의 기후와 거대한 생명체 네트워크 등, 지구의 생물권이 인간의 '인간적인' 활동을 통해 극적으로 변화할 수도 있다는 사실은 20세기 사람들에게 그저 터무니없는 생각에 불과했다.

하지만 생태계가 인간에 의해 균형을 잃고 붕괴될 수도 있다는 사실을 보여 주는 예는 그동안에도 꾸준히 있었다. 한때 꽃이 만발했던 태평양의 이스터섬에 있는 초목은 주민들에게 엄청날 정도로 착취당하고 남용되었다. 야자수 숲은 얼마 안 되는 관목만 남겨진 채 보트 건조와 난방을 위해 마구 베여 나갔다.

18세기 초에 유럽 선원들이 이 섬을 처음 방문했을 때만 해도 2만여 명이 살고 있었다. 하지만 이제는 겨우 2천 명 정도만이 열악한 조건 속에서 힘겹게 살아가고 있다. (이스터섬이 쇠퇴하게 된 또 다른 이유로는 유럽 선원들과 함께 쥐의 유입을 들 수 있다. 이스터섬에는 쥐의 천적이 없었던 까닭에 그곳 식물들이 심각한 피해를 입었다.) 아직도 그곳에 서 있는 '모아이' 석상들만이 자기네 삶의 터전을 무참히 파괴한 인간 집단의 횡포를 말없이 증언하고 있다.

또 다른 예로는 중앙아시아의 아랄해를 들 수 있다. 농사를 짓느라 물의 흐름을 우회시킴으로써 세계에서 가장 큰 내륙호(바다로 흘러나가지 않는 호수로, 보통 건조 지역에 있다. 증발이 심하여 염분을 많이 포함하고 있다. 사해, 카스피해, 아랄해 등이 있다.—옮긴이) 중 하나가 거의 말라 버리고 말았다. 한때는 생명으로 가득한 수생 생태계가 자리하고 있던 곳이었

지만, 지금은 염분과 사막의 먼지로 뒤덮여 있다. 수십 년에 걸쳐 쌓여 온 다량의 비료 화학 물질로 인해 건강에 극도로 해로운 지역으로 바뀌어 버린 것이다. 상황이 더 악화되는 것을 막기 위해 댐을 건설하는 등 노력을 기울여 보았지만, 한때 7만 제곱킬로미터의 면적을 자랑했던 아랄해는 이제 화려했던 과거의 그림자만을 쓸쓸하게 드리우고 있다.

이러한 사례들이 보여 주듯이, 인간의 파괴력은 지역적이거나 부분적인 차원에서도 영락없이 일어났다. 우리 인간이 지구 전체의 균형을 무너뜨릴 수 있을 거라고는 일찍이 그 누구도 감히 상상하지 못했다. 그런데 어쩌다 그게 가능하게 된 걸까? 계절의 변화, 해류와 바람의 흐름, 우기와 건기, 무한하고 다양한 물질의 순환, 수십억 생물의 정교하게 짜 맞춰진 상호 작용 등으로 이루어진 거대한 시스템을 무너뜨릴 만큼 인간이 엄청난 영향을 미치게 될 줄이야…….

사실 이는 충분히 가능한 일이다. 유감스럽게도 그다지 어려운 일이 아니다. 지구에 단지 세 차례의 타격을 가하기만 하면 되니까.

첫 번째 타격은 바로 지구를 온통 쓰레기장으로 만드는 것이다. 지난 수십 년 동안 우리는 아주 많은 플라스틱을 생산했다. 전 세계 어디에서나 플라스틱을 쉽사리 찾아볼 수 있다. 영국 피트케언 군도의 헨더슨섬에서는 얼마 전에 플라스틱으로 뒤덮인 해변이 발견되었다. 놀랍게도 이 섬은 사람들이 사는 마을로부터 수천 킬러미터나 떨어져 있다.

이는 사실 그다지 놀랄 만한 일도 아니다. 바다는 어느새 플라스틱으로 가득 차 있다. 태평양에는 아예 두 개의 거대한 쓰레기 더미가 떠다닌다. 그 규모가 하도 커서 쓰레기 섬이라 부른다. 이 쓰레기 더미들은 인류가 만든 인공물 가운데 가장 큰 규모로, 대한민국의 약 16배 크기이다. 이처럼 쓰레기가 한곳에 모이게 된 것은 해류가 소용돌이를 치면서 순환하기 때문이다.

그곳에는 비닐봉지나 레고 블록처럼 눈에 보이는 플라스틱 부품뿐만 아니라, 물과 햇빛과 파도가 점점 잘게 부서져 아주 작은 입자가 된 미세 플라스틱이 함께 떠다닌다. 이 미세 플라스틱은 호수나 하천, 강, 바다 등 지구 어디에나 존재한다. 얼마 전에는 북극과 남극의 얼음에서도 미세 플라스틱이 발견되었다. 연구자들은 지금 바다에 플랑크톤보다 미세 플라스틱이 더 많이 떠 있을 거라고 추측한다.

여기서 문제는 바닷새와 해양 동물이 가지각색의 플라스틱을 먹이로 착각하여 먹게 된다는 것이다. 그리하여 해마다 약 백만 마리의 새와 십만 마리의 해양 포유류가 죽음을 맞이한다. 죽은 채로 발견된 고래와 물고기, 바닷새의 배를 갈라 보면 크고 작은 플라스틱이 가득 들어차 있다. 이는 우리에게도 영향을 끼친다. 우리가 저녁 식탁에서 물고기 요리를 먹으면 미세 플라스틱이 우리 몸속으로 고스란히 들어오게 되기 때문이다.

우리가 경작지에 뿌린 수백만 리터의 액체 비료와 화학 비료 역시 강과 바다로 흘러 들어가 비슷한 효과를 낸다. 생태계에 질소가 너무 많으면 특정 식물과 박테리아가 빨리 자라게 되는데, 그만큼 산소를 많이 소비해서 다른 생명체는 살아가기가 힘들어진다.

언젠가부터 바다에는 이른바 수많은 '죽음의 지대'들이 생겨났다. 이는 산소가 너무 부족해서 그곳에 들어간 물고기가 살아서 다시 빠져나올 가능성이 없는 지역을 가리킨다. 지금은 지난 80만 년 동안의 그 어느 때보다도 질소가 많은데, 이것이 바로 우리가 지구에 가한 첫 번째 타격이다. 엄청난 양의 석유를 플라스틱으로 바꾸고 엄청난 양의 질소를 비료로 변환하여 자연 속에 뿌려 대는 바람에 생겨난 일이다.

두 번째 타격은 지구에 살고 있는 다른 생명체들로부터 삶의 터전인 지구를 빼앗는 것이다. 사람들은 땅의 3분의 2가량을 농업과 도로, 도시, 그리고 거대한 산업 지역으로 사용하고 있다. 이는 다른 생명체에게 치명적인 결과를 가져온다. 우리가 숲이나 늪지대를 더 많이 차지할수록 그들의 생활 공간이 그만큼 없어져서 먹이를 구하거나 짝을 찾기 위해 이동할 만한 곳이 줄어들게 된다.

가장 나쁜 상황은 개미나 민들레, 까마귀, 또는 인간처럼 전 세계 어디에서나 적응해 살 수 있는 생물과 달리, 기존의 환경과 다른 조건에서는 살아가기 어렵거나 적응하지 못하는 생명체들에게서 일어난다. 돌이 많고 햇볕이 잘 드는 개울가나 강둑이 없어지면 살모사는 자취를 감춘다. 열대 우림이 사라지면 오랑우탄이나 다람쥐원숭이가 죽게 될 것이다. 그들은 그곳에서만 살 수 있기 때문이다.

지구에서 멸종 위기에 이른 종의 목록을 적은 '레드 리스트(red list)'가 점점 늘어나고 있다. 실제로 멸종된 종의 목록, 그러니까 지구상에서 아예 사라져 버린 종의 목록도 마찬가지다. 과학자들의 연구 결과에 따르면, 하루에만 300종에 이르는 종들이 멸종되어 가고 있으며, 대부분은 매우 작아서 잘 알려지지 않은 종들이다. 대부분이 알려지지 않은 종이라는 사실은 썩 좋지가 못하다. 우리가 무엇을 잃고 있는지조차 알지 못하기 때문이다.

물론 지난 몇 년 사이에 고슴도치와 산토끼, 그리고 코뿔소처럼 잘 알려진 종도 멸종 위기에 처해 있기는 하다. 합법적이거나 불법적인 사냥, 집약적인 어업, 그들이 살던 서식지의 농경지 전환, 자연 공간의 오염 등으로 지난 수십 년 사이에 (여러분의 부모님이 살아 있던 동안에) 지구에 살던 동물들 절반 가까이가 지구상에서 사라졌다.

세계 여러 지역에서 확인된 곤충들의 개체 수는 최대 80퍼센트까지 감소했다. 이는 다른 종의 개체수 감소보다 두 배나 많은 수치다. 곤충은 꽃식물의 주요 꽃가루 수정 매개체이다. 곤충이 이런 식으로 자꾸 사라진다면, 우리의 농업과 식량 공급도 곧 붕괴되고 말 것이다.

이러한 종의 멸종은 식물에게도 영향을 미친다. 옥수수, 밀, 쌀처럼 인간이 재배하는 식물 이외의 종들이 점차 사라지고 있다. 그들 스스로 번식해 나갈 공간이 없어서다. 지금 이 순간에도 우리는 언젠가 유용하게 쓸 수 있는 하나의 종을 잃고 있는지도 모른다.

이것이 바로 우리가 지구에 가한 두 번째 타격이다. 우리는 너무 많은 땅을 오염시키며 못쓰게 만들고 있다. 너무 많은 강과 호수와 바다를 남용하여 인간이 아닌 다른 생명체가 점점 더 멸종되도록 유도하고 있는 셈이다. 이렇게 생물권의 생명 네트워크는 점점 더 구멍이 뚫리고 있다.

그러다 언젠가는 완전히 붕괴되어 지구의 모든 생명체에게 치명적인 결과를 초래할 것이다. (이러한 치명적인 결과 중 하나는 바로 2020년부터 전 세계를 공포의 도가니로 몰아넣은 코로나-19와 같은 바이러스의 대유행이다. 이러한 바이러스는 대개 외래 동물에게서 인간으로 전이하게 되는데, 사람들이 사용하는 땅이 많아질수록 외래 동물과 더 많이 접촉하게 된다.)

마지막으로 세 번째 타격은 우리 지구를 점점 더 뜨겁게 달구는 것이다. 화석 원료를 사용함으로써 엄청난 양의 이산화 탄소를 대기로 방출하여 지구의 평균 기온을 계속해서 상승시키고 있다. 이미 언급했듯이 이산화 탄소는 지구 대기권에 오랫동안 머물러 왔으며, 심지어 충적세의 기후가 온화해지는 데 결정적인 역할을 했다.

공기 중에 이산화 탄소가 많을수록 태양 에너지가 그만큼 더 적게 우주 공간으로 반사된다. 그때 남은 태양 에너지는 대기 중에 갇혀서 마치 온실 안처럼 지구를 따뜻하게 데운다. 사람들은 이를 가리켜 '온실 효과'라고 부른다. 산업 혁명이 시작된 후로 사람들이 메탄 같은 온실가스와 함께 대기로 배출해 엄청난 양의 이산화 탄소가 공기 중에 떠 있다. 지구는 지금으로부터 12만 년 전만큼, 즉 우리의 직계 조상이 동아프리카의 아주 작은 지역에서 살았던 때만큼이나 따뜻해졌다.

전 세계 인구는 거의 80억 명에 달한다. 그들 개개인이 만들어 낸 문명은 지구를 데우는 데 큰 몫을 하고 있으며, 그것으로 야기된 결과로 훨씬 더 심각한 영향을 받는다. 더 자주 가뭄이 들고, 태풍이나 장마 같은 극한의 날씨가 더 빈번하게 발생한다. 극지방의 얼음이 점점 더 녹고 있기 때문에 해수면이 상승해 해안 지역은 아예 생존 자체를 위협받고 있다.

점점 더 더워지는 여름은 산불이 일어날 위험성을 높일 뿐만 아니라, 장기적으로 극심한 더위를 견디기 어려워하는 우리의 건강에도 심각한 문제를 일으킨다. 이제는 여름이 되면 아예 야외에 머무를 수 없을 만큼 뜨거운 지역들이 생겨났다. 강물이 너무 줄어서 배가 다닐 수 없을뿐더러 수확량의 감소도 더욱 심각해지고 있다.

지난 몇 년간 지구의 온도는 이제껏 인간이 측정했던 것 중 가장 따뜻했으며, 과학자들 중 그 누구도 그것이 이산화 탄소 때문이라는 사실을 부인하지 않는다. 우리가 지구에 가하는 세 번째 타격은 이처럼 지구의 온도를 상승시켜 기후를 변화시키는 것이다.

이 세 차례의 타격으로 지구는 이제껏 볼 수 없었던 상태로 빠져들고 있다. 수천 년 동안 안정적인 기후 속에서 다양한 생명체들이 어우러져 살아갔던 지구는 인간을 포함한 모두에게 위험한 곳으로 변해 가고 있다. 이러한 타격은 서로 영향을 주고받으면서 더더욱 가속화될 것이다.

지구에 대해 우리가 꼭 알아야만 하는 것

21세기의 세계는 상당히 복잡하다. 국가들은 삼십 년 전에 비해 사회적으로나 경제적으로 훨씬 더 밀접하게 연결되어 있다. 어느 한 국가에서 정치적 불안이나 경제 위기가 발생하면 나머지 나라에도 큰 영향을 미친다. 특히 인터넷의 발달은 이러한 상황을 극도로 촉진시켰다. 인터넷 덕분에 우리는 아무리 멀리 떨어져 있다 할지라도 지구 곳곳에서 일어나는 일들을 실시간으로 확인할 수 있다.

물론 세상은 이미 늘 복잡했고, 앞으로도 그럴 것이다. 그래서 더더욱 인간들이 그어 놓은 경계선은 자연에게는 아무런 의미가 없다. 미국 기후나 한국 기후, 중국 기후, 러시아 기후, 독일 기후 따위는 아무 의미가 없다. 단지 지구 기후만 있을 뿐이다. (물론 기후는 미국이나 한국, 중국, 러시아, 독일에서 서로 다르게 나타나는데, 이걸 가리켜 '날씨'라고 한다.)

동물들 또한 미국이나 한국, 중국, 러시아, 독일에서 사는 것은 그들 스스로 미국적이거나 한국적이거나 중국적이거나 러시아적이거나 독일적이라고 느끼기 때문이 아니라 단지 그곳에 그들의 서식지가 있기 때문이다. 그들의 서식지는 국경과 아무 상관이 없다. 바이러스가 국경선을 만났다고 해서 멈추지 않는 것처럼.

지구상에 아무런 정치적 경계선이 없다고 상상해 보자. 그러면 지구에 대해 완전히 다른 관점을 갖게 될 것이다. 모든 것이 서로서로 영향을 미치는, 하나의 거대한 전체를 떠올려 보면 되겠다. 어느 특정한 공간에서 무언가가 변하면, 이는 단순한 변화 그 이상의 결과를 초래한다. 그 결과는 다시금 특정한 공간에 거꾸로 영향을 주게 된다. 모든 것이 서로 연관되어 있으니까.

예를 들어 어떤 꽃식물이 사라지면 공생 관계인 곤충도 죽고, 또 그 곤충을 먹고사는 동물도 위험에 처한다. 그렇게 해서 먹이사슬 전체가 붕괴될 위기에 놓이게 된다. 그 반대의 경우도 마찬가지다. 염소, 양, 코끼리처럼 초원에서 살아가는 동물이 사라지면 나무와 풀이 무성하게 자라면서 동물과 식물의 구성에서 변화가 일어난다.

이러한 연결 관계는 개별 생태계뿐만 아니라 지구 전체에 존재한다. 사람들이 야기한 지구 온난화는 전 세계의 생물 다양성에 큰 영향을 미친다. 지구가 더 빨리 뜨거워질수록 그러한 변화에 적응할 수 있는 식물과 동물은 점점 더 줄어든다. 물론 산에 사는 동물들은 잠시 동안이나마 더 서늘한 지역으로 이동할 수 있다. 하지만 어느 순간이 되면 그런 공간조차 더 이상 존재하지 않게 된다. 결국 알프스산에 사는 양이나 마멋은 더 이상 살 곳을 찾지 못하게 된다는 뜻이다.

만일 지금과 같은 속도로 계속해서 얼음이 녹아내린다면, 북극의 북극곰과 남극의 펭귄도 살아가기가 어려워진다. 2020년 2월에는 남극에서 섭씨 18도가 넘는 기록적인 기온이 측정되었다. 과학자들은 이토록 온화한 겨울이 계속 이어지면 21세기 중반쯤 어떤 나라에서는 철새의 이동을 볼 수 없을 것이라고 예측한다.

뭐, 새를 비롯해 이런저런 동물들은 그나마 다른 서식지를 찾아 이동한 뒤 새로운 기후 조건에 맞추어 적응할 가능성이 어느 정도는 존재한다. 하지만 식물은 그렇지가 못하다. 뿌리를 내리고 있는 땅이 너무 건조하거나 뜨거워진다고 해서 어디론가 재빨리 이동할 수는 없으니까.

지구 온난화는 땅에도 영향을 끼친다. 가뭄이 지속되거나 부식토(식물이 썩으면서 만들어지는 유기물의 혼합물이 섞인 비옥한 흙.—옮긴이)가 호우로 씻겨 나가 토양이 나빠지면 땅에 사는 생물의 다양성이 그만큼 줄어든다. 기온 상승과 그에 따른 가뭄으로 산림의 화재 위험도 늘어난다. 호주에서는 2019년과 2020년에 연달아 거대한 산불이 나서 10억 마리

이상의 동물이 죽었다. 이 산불로 심각한 피해를 입은 많은 종의 개체 수는 결코 예전 상태로 돌아오지 못할 것이다.

비옥한 땅과 숲이 사라지면 지구 온난화가 더 심해진다. 땅과 식물이 이산화 탄소를 묶어 두는데, 숲이 타거나 땅이 말라 버리면 거기에 묶여 있던 이산화 탄소가 대기 중으로 방출되어 지구를 데우기 때문이다.

바다는 이산화 탄소와 결합하여 지구 온난화를 어느 정도 늦춰 준다. 하지만 이산화 탄소를 많이 흡수할수록 그만큼 산성화된다. 산호초는 수온이 높아지는 바람에 심각한 어려움을 겪고 있다. 산호는 해조류와 공생 관계를 이루고 살아가는데, 물이 따뜻해지면 해조류가 산호에게 필수적인 포도당 대신 독을 만들게 된다. 결국 산호가 해조류를 밀쳐 내면서 '산호 백화 현상'(산호의 조직 내에서 공생하던 해조류가 사라지면서 산호가 색깔을 잃고 원래 지니고 있던 흰색 석회질이 드러나는 것.—옮긴이)이 발생한다. 그래서 너무 산성화되거나 너무 따뜻한 물에서는 산호가 죽고 만다. 세계에서 가장 큰 산호초 지대인 호주의 그레이트배리어리프는 이미 대부분 사라졌다.

바다는 플라스틱과 비료, 어업 행위 등으로 이미 심하게 손상되었다. 이는 생물의 다양성뿐만 아니라 우리 인간이 최상위에 자리하고 있는 먹이사슬에도 큰 영향을 미친다.

현재가 미래를 집어삼킨다면?

이러한 변화가 파국으로 치닫는 시점이 언제인지는 정확히 예측할 수 없다. 일단 그런 일이 발생한다면 결코 원래 상태로 되돌리지 못한다. 우리는 완전히 새로운 상황에 적응해야 한다. 이 같은 상황은 지구에도 똑같이 적용된다. 지구의 감당 능력, 즉 천연자원을 재생하고 폐기물과 배출물을 수용할 수 있는 능력은 점점 줄어들고 있으며, 우리는 매일매일 지구의 그 같은 변화에 한몫 거들고 있다. 어느 순간 한계치를 넘어서게 되면 아주 빠르게 생존하기 어려운 장소가 될 수도 있다.

바다와 호수와 강이 쓰레기 천지가 되고, 각종 비료가 넘쳐나 큰 물줄기의 대부분이 죽음의 지대로 변하고, 물고기보다 더 많은 플라스틱 조각이 바다에 떠다니고, 지구의 먹이사슬 전체에 미세 플라스틱이 순환하게 된다면? 어쩌면 곤충이 다 사라져 버렸을 때 그런 일이 일어날지도……. 곤충들이 지금과 같은 속도로 계속해서 죽어 간다면 약 백 년 안에 완전히 붕괴될지도 모른다. 벌, 나비, 귀뚜라미, 말벌, 파리, 딱정벌레가 없다면 인류는 아마 몇 달도 버티지 못할 것이다. 동물은 대부분 멸종될 것이고, 꽃식물도 사라질 것이며, 숲을 비롯한 삶의 공간들이 모두 없어질 것이다.

그것도 아니면 지구 온난화로 극지방의 얼음이 죄다 녹고, 동시에 영구 동토 지역(월 평균 기온이 영하인 달이 6개월 이상으로, 땅속이 1년 내내 언 상태로 있는 지대.—옮긴이)의 메탄 저장고가 해동되어 온실가스를 대거 방출하면 그런 일이 일어날까? 이 두 가지 모두 지구의 평균 기온을 몇 도가량 급격하게 상승시킬 수 있다. 그렇게 되면 방글라데시와 투발루섬, 할리히섬, 베네치아, 함부르크, 뉴욕, 도쿄 등 수많은 섬과 해안 지역들만 물에 잠기지는 않을 것이다. 우리의 문명 전체가 그러한 '더운 시기'에서 생존할 수 있을지 의문이다.

이 질문에는 그 누구도 정확히 답할 수 없다. 그동안 지구에서의 삶은 분명 험난하고도 끈질겼다. 수백만 년 동안 소행성 충돌, 거대한 화산 폭발, 빙하기 등 수많은 재앙을 견뎌 냈다. 그리고 언제나 다시금 제 모습을 회복했다. 그렇다면 먼 미래의 어느 날, 우리 인간이 지구에 가하는 타격으로부터도 너끈히 회복할지도 모른다. 그러나 이 같은 말은 21세기에 살고 있는 우리에게는 그다지 위로가 되지 않는다. 우리는 지금 여기에서 살고 있고, 우리의 자녀와 손자의 미래를 열어 가야 하기 때문이다.

특정 지역에서 살고 있는 사람들은 미래가 어떤 모습일지 이미 알고 있기도 하다. 자신들의 섬이 몇 년 안에 바다로 가라앉을 것을 알고서 고향을 떠나고 있으니까. 수천 명의 방글라데시 사람들은 바다와 강 옆에 삶의 터전을 두고 도시로 이사했다. 점점 더 가까이로 밀고 들어오는 바다가 그들의 식수원을 소금물로 만들고, 농사지을 땅을 휩쓸어 가는 바람에 빈곤에 허덕여야만 했다.

아프리카와 중동 지역의 수백만 명의 사람들은 강제로 피난을 가고 있다. 기온이 점점 올라가 뜨거워지고 건조해지면서 가축들마저 갈증과 굶주림으로 죽어 가는 데다 흉년이 들어 먹을 것이 없기 때문이다. 북반구 국가들 중 발생하는 산불로 사람이 더 이상 살아가기 힘든 지역이 하루가 다르게 늘어나고 있다.

지금 이대로 계속된다면 오늘을 살고 있는 어른들의 자식과 손자들에게 어떤 일이 일어날지는 꽤나 분명하게 답할 수 있을 것이다. 그들은 아마도 자신들이 원하는 삶을 영위할 기회가 훨씬 더 적은 세상에서 살게 되지 않을까? 오늘의 우리가 저지른 파괴의 여파를 처리하는 것만으로도 힘에 부친 삶을 살아야 하니까.

그렇다고 해서 아직은 인류의 종말을 논할 계제는 아니다. 돈이 많은 사람이라면, 보호 구역에서 안전하고 평범한 삶을 살 것이다. 달이나 화성으로 가는 우주선 티켓을 살 수 있을지도 모른다. 그러나 대다수의 사

람들은 더 가난하고 더 위험한 세상에서, 예기치 못한 일들이 가득 찬 세상에서 살게 될 것이다. 오늘의 인류는 바로 그런 세계를 향해 아주 빠른 속도로 달려가고 있다.

지금 여기서 일어나고 있는 일들이 미래를 결정한다. 바야흐로 지금 일어나고 있는 일들이 미래를 집어삼키고 있는 것이다.

바로 여기서 가장 중요한 질문을 던져 볼까 한다. 모든 상황이 분명 암울한 미래를 보여 주고 있는데도 왜 우리는 파괴 행위를 멈추지 않는 것일까? 우리는 왜 이 정신 나간 실험을 중단하지 않는 것일까? 누가 또는 무엇이 멈추지 못하도록 막고 있는 것일까?

제8장

자연에 관한 아주 잘못된 생각

"사람들은 한군데 정착하는 순간, 고향을 얻은 듯이 여기는 듯했다.
그러나 나는 오히려 그들이 뭔가를 잃어버렸다고 생각한다.
땅과 하늘과 바다와의 깊은 연대감 말이다.
그 후 그들은 의지할 곳을 잃고 재산을 모으는 데만 몰두했다.
하지만 거대한 성을 소유한들 그 안에서 얼마나 오래 살 수 있을까?"

아슬리 에르도안

비극적인 파국의 방향?!

집에 불이 나면 소방대원이 서둘러 달려온다. 범죄가 발생하면 지체 없이 경찰에 신고를 한다. 심각한 병에 걸리면 가능한 한 빨리 의사를 찾는다. 경제 위기가 닥치면 이를 극복하기 위해 많은 돈이 투자된다. 팬데믹이 생기면 그 즉시 치료약과 예방 백신을 개발한다. 그런데 우리가 살고 있는 지구가 파괴된다면? ……아무 일도 일어나지 않는다.

우리는 어쩌다 이렇게 말하게 되었을까? 신문을 펴거나 텔레비전 뉴스를 보거나 인터넷을 서핑하다 보면 지구 온난화, 종의 멸종, 바다에의 쓰레기 투기가 우리 시대의 가장 중요한 문제 중 하나라는 인상을 받게 된다.

세계의 많은 국가들이 그 같은 상황에 대처하기 위해 뭔가를 하기로 결정했다. 마침내 우리가 사태의 심각성을 깨닫고, 이 최악의 상황에서 지구와 우리 자신을 구하기 위해 뭔가 조치를 취하는 것처럼 보인다. 그러나 안타깝게도 사실은 그렇지가 못하다. 단지, 그렇게 '보일' 뿐이다. 실제로는 지난 몇 년 사이 사람들이 자연의 파괴에 대해 이야기하면 할수록 그만큼 더 망가졌다.

이는 진정 이해할 수 없는 일이다. 지금의 상황은 마치 사람들이 두 가지의 서로 모순되는 현실에서 동시에 살고 있는 것처럼 느껴진다. 하나의 현실에서 사람들은 지구가 한계 상황에 다다라 미래가 위험해질 상황에 직면해 있기에 더 늦기 전에 무언가를 해야 한다는 이야기를 계속한다. 그런데 다른 하나의 현실에서는 그동안 지구를 위험에 빠뜨리게 해 왔던 그 모든 것을 오히려 촉진시키고 있다. 지구의 가열이 바로 그 예이다.

사십 년 전, 지구 평균 기온의 상승이 이산화 탄소 배출과 직접적인 연관이 있다는 사실이 과학적으로 입증되었다. 스무 차례가 넘는 국제 기후 회의가 열렸고, 수많은 우여곡절 끝에 2015년에는 파리 기후 협약이 체결되었다. 이 협약에 따라 거의 모든 국가는 2050년까지 지구가 섭씨 2도 이상 따뜻해지지 않게 이산화 탄소 배출량을 줄여 지구 온난화를 어느 정도 통제할 의무를 지게 되었다. (앞에서 언급했던 청소년들의 소송 제기는 바로 이 파리 기후 협약에 근거한다.)

이는 두 가지 중 하나의 현실에서 일어난 일이다. 하지만 다른 하나의 현실에서는 이산화 탄소 배출량이 거침없이 증가했다. 그에 따라 지구의 평균 기온이 또 상승했으며, 태풍이나 폭우, 가뭄 같은 자연재해가 잇따랐다. 이 같은 상황은 지금도 계속되고 있다. 그리고 전 세계 모든 국가가 파리 기후 협약에 서명했지만, 대다수 국가는 정작 자신들이 약속한 일, 즉 이산화 탄소 배출량을 줄이려는 노력을 거의 하고 있지 않다.

우리가 지구에 가하는 다른 두 가지 타격도 마찬가지다. 하나의 현실에서 어떤 동물 종이 위기에 처하거나 멸종 직전 상태에 놓여 있다는 소식을 듣고는 충격을 받아 어떻게든 조치를 취해 보려 한다. 하지만 다른 현실에서는 지금 이 순간에도 많은 종이 계속해서 멸종되어 가고 있다.

하나의 현실에서 우리는 플라스틱이 바다를 얼마나 많이 오염시키고 있는지 알고 경악하면서 플라스틱 제품을 가능한 한 덜 쓰기로 결심한다. 그러나 다른 현실에서는 산처럼 쌓인 쓰레기 더미가 점점 더 늘어만 가고, 플라스틱 소비도 지속적으로 증가하고 있다. (코카콜라 회사만 해도 전 세계적에서 한 시간마다 1천만 개 이상의 플라스틱 병을 판매한다.)

우리의 이런 행동은 도무지 납득하기 어렵다. 우리 문명이 현재 진행 중인 방향으로 계속 나아간다면 지구의 생물권은 모조리 파괴될 것이다. 지구의 생태계는 매일매일 더 불안정해지고 있다. 우리가 날마다 지구에 더 많은 압박을 가하고 있기 때문이다. 지구라는 생태계가 이십 년이나 삼십 년, 또는 오십 년 후에 진짜로 붕괴될 것인지, 그리고 그러한 붕괴가 어떤 방식으로 일어날 것인지는 그 누구도 정확하게 예측할 수 없다. 그러나 대부분의 과학자들은 그 같은 비극이 21세기에 일어

날 것이라고 예상하고 있다. 먼 미래의 언젠가가 아니라 지금 우리가 살아 있는 동안에 말이다.

그런데도 우리의 문명은 계속해서 이 비극적인 파국의 방향으로 나아가고 있다. 그것도 점점 더 빠르게! 이런 일이 어떻게 가능한 걸까? 우리에게 뭔가 문제가 있는 걸까?

우리 모두 제정신이 아닌 걸까?

어떤 생명체가 자기 자신의 삶의 터전을 파괴하기 위해 온갖 짓을 다 한다고? 어떤 동물이나 식물도 의도적으로 그런 일을 저지르지는 않는다. 그런데 인간은 그렇게 하고 있지 않은가? 우리에게 뭔가 아주 근본적인 문제가 있는 것일까?

많은 이는 이 질문에 "예!"라고 대답한다. 그렇게 대답하는 사람들은 인간이 결국 생존에 성공하지 못할 것이라고 말한다. 인간은 진화의 실패자라나? 그들이 내세우는 논리에 따르면, 인간은 옛날부터 늘 하나의 생태계를 착취하고는 아무렇지도 않은 듯 곧바로 다음 생태계로 이동해 가는 약탈자였다나? 기본 성향 자체가 탐욕스러운 데다 자신이 가지거나 이룬 것에 결코 만족할 줄 모르기 때문이라고 한다.

수많은 창조 신화와 종교에서 인류의 역사가 낙원에서 추방되는 것으로 시작하는 것에는 다 나름대로 이유가 있다. 왜냐하면 인간들은 항상 적절한 것 이상을 원하니까. 만약 그것이 정말로 인간의 본성이라면, 언젠가는 수십억 명의 사람들이 살고 있는 이 지구에 끔찍한 재앙을 불러올 것이다. 왜냐하면 사람들은 이제 지구라는 생태계 전체를 파괴할 수 있을 만큼 엄청난 힘을 갖게 되었으니까.

이는 극도로 비관적인 견해이다. 이런 생각을 갖고 있는 사람이라면, 지구나 미래 세대가 어떻게 되든 개의치 않고 자기 자신의 삶을 최대한 즐기려 할 것이다. 하지만 이 책의 저자인 우리는 이 같은 견해에 결코 동의하지 않는다.

물론 우리도 '호모 사피엔스'가 스스로 자초한 자연 파괴에 대처하기 어렵게 만드는 특성을 가지고 있다는 주장에는 생각을 같이한다. 진짜로 파국적인 대재앙은 지금이 아니라 미래 세대에 이르러 그 영향력을 대거 발휘할 것이다.

우리 인간은 먼 미래까지 생각할 수 있는 능력이 있지만, (공상 과학 소설에서는 심지어 수백만 년 후까지도 상상한다.) 우리가 매일매일 하는 일은 지금 당장이나 아주 가까운 미래와 관련되어 있다. 이십 년이나 삼십 년 후에 일어날 법한 일은 우리가 결정을 내리는 데 그다지 영향을 미치지 못한다. 이러한 의미에서 '호모 사피엔스'는 '슬기 사람'이 아닌 셈이다. 딱히 이성적이며 합리적인 생명체도 아니다. 미래에 심각한 결과를 불러올 일들을 아무렇지도 않게 하고 있기 때문이다.

그런데 자기 삶의 터전을 파괴하는 것이 정말로 인간의 본성인 걸까? 우리 모두는 단 하나뿐인 집을 무모하고도 경솔하게 파괴할 정도로 미쳐 있는 걸까? 그렇지 않다. 다행히도 우리는 그런 존재가 아니다.

무엇보다도 집단으로서의 의미를 지니는 '인류'나 이상형으로서의 의미를 지니는 '인간'은 실제로는 존재하지 않는다. 인간은 저마다 개별적인 존재이다. 우리 중 몇몇은 거대한 호화 저택에서 살고 싶어 하고, 다른 몇몇은 작은 오두막에서도 만족해하고 행복해한다. 어떤 사람은 누구에게든 조금도 해를 끼치지 못하고, 또 어떤 사람은 다른 사람을 괴롭히는 것을 즐긴다.

어떤 이들은 자신의 입으로 들어가는 동물의 운명에 전혀 관심이 없고, 어떤 이들은 일체의 동물성 제품을 먹지 않는다. 단지 자신을 위해 다른 동물이 고통을 받거나 죽는 것을 원하지 않기 때문이다. 사람들은 또 자신이 처한 주변 환경에 따라 아주 다르게 행동한다. 가족과 함께 있을 때랑 학교나 회사에 있을 때랑 다르게 행동한다는 뜻이다. 또, 친구들과의 관계도 사회 전체를 대할 때와는 많이 다르다.

현대의 인간 사회는 극도로 파편화된 채로 복잡하게 얽혀 있다. 그들은 종종 서로 아무런 관련도 없는 여러 개의 하위 그룹으로 세분화된다. 이 하위 그룹에서 사람들은 서로 의견을 조율하게 되는데, 자신의 세계관과 배치되는 내용은 귀담아들으려 하지 않는다. 그래서 누군가에게는 절대 반박할 수 없는 사실과 진리가, 다른 누군가에게는 새빨간 거짓말이자 속임수가 될 수 있다.

국제적인 수준에서는 다시금 아주 다양한 사회 시스템과 관계를 맺는다. 민주주의, 사회주의, 독재주의, 부족 사회, 민족 공동체 등 매우 다양하다. 예를 들어 어느 아마존 부족의 대표가 미국의 대통령과 대화를 나눈다면, 각자의 문화적 배경과 경험 세계가 완전히 다를 수밖에 없다. 그만큼 양측에 공통된 대화의 토대를 찾기가 쉽지 않다.

인간의 본질을 명확히 규명하기가 어려운 데는 또 다른 이유가 있다. 인간이라는 존재는 엄청나게 다양하기 때문이다. 사람들은 거의 모든 것이 될 수 있는가 하면, 반대로 아무것도 될 수 없기도 하다. 예를 들어, 사람들은 매우 폭력적일 수 있다. 다른 사람을 죽이기도 한다. 인류 역사상 전 세계 어디에나 평화가 깃들었던 적은 없었다. 그런데도 우리는 서로를 완전히 폭파시키지는 않았다. 그렇게 할 수 있는 무기를 개발해 두었음에도 불구하고.

인간의 본질에는 선과 악이 동등하게 깔려 있다. 항상 더 많은 것을 원하거나 결코 만족할 줄 모르는 것도 인간의 본성에 속한다. 그렇다고 해서 우리가 종일토록 남의 것을 훔치며 지내는 것은 아니다. 스스로 자제할 줄 아는 것, 그리고 자기 자신의 부정적이고 파괴적인 특성을 인식하고 억제하는 것 또한 인간의 본질이다.

법체계는 우리가 서로를 통제하고 견제해야 한다는 필요성 때문에 생겨났다. 따라서 자기 삶의 토대를 파괴하는 것이 인간의 본성이라면, 이러한 파괴 행위를 방지하기 위해 규칙을 설정하는 것 역시 인간의 본성이다.

마지막으로, 우리에게 자연의 완전한 파괴가 단호하게 프로그래밍되어 있었다면, 아마도 이미 오래전에 지구의 아주아주 많은 곳에서 그렇게 했을 것이다. 이스터섬의 주민들처럼 말이다. 그러나 우리에게는 그런 것 따위는 입력되어 있지 않다.

오히려 오랜 시간 동안 자연과 균형을 유지해 왔다. 물론 때때로 자연을 이용했지만, 도가 지나치거나 터무니없는 짓까지 하지는 않았다. 따라서 이것 또한 인간의 본성이라고 할 수 있을 것이다. 그렇기 때문에 순리대로라면 모든 신생아는 자연과 균형을 이루며 살 수 있는 어른이 될 수 있는 셈이다.

그러므로 인간의 본질에 대해 궁리하기보다는, 차라리 우리 스스로에게 또 다른 질문을 하나 던지는 편이 낫겠다. 우리는 왜 자제할 줄 아는 정신적 능력을 그릇된 방향을 바로잡는 데 사용하지 않는 것일까? 우리는 왜 모든 수단을 동원해 하나밖에 없는 집을 파괴하는 짓을 막으려 하지 않는 것일까?

전 세계를 아우르는 '마법의 기계'

이 질문에 답하기 위해 한 가지 '생각 실험'(머릿속에서 단순화된 실험 장치와 조건을 생각하고 이론에 따라 추론하여 수행하는 실험.—옮긴이)을 해 보자.

지구의 자원을 고갈될 정도로 착취하지 않고, 그러한 자원 중 일부는 심지어 건드리지조차 않은 가까운 미래의 어느 세상을 상상해 보자. 이 세상에서는 재생 가능한 자원을 매우 아끼고 소중히 사용해 얼마든지 계속해서 쓸 수 있다.

또 동물, 식물, 균류 등 다른 생명체에게도 성장하기에 충분한 공간을 제공한다. 이 세상에서는 인터넷, 인공 지능, 유전 공학과 같은 기술이 우리가 생산하는 제품이 다시금 자연의 물질 순환 과정으로 완전히 돌아가게끔 만드는 데 쓰인다. 사람들은 더 이상 쓰레기를 생산하지 않고, 심지어는 쓰레기가 무엇인지조차 알지 못한다.

그런 세상은 사실 누구나 쉽사리, 그리고 기분 좋게 상상할 수 있다. 무엇보다도 그런 세상을 만드는 데는 새롭고 획기적인 기술을 발명할 필요가 없다. 그런 세상을 만드는 데 필요한 것은 이미 모두 사용 가능한 것들이니까. 그럼에도 불구하고 그러한 세상은 대부분의 사람들에게 실현 불가능한 것처럼 여겨진다.

물론 그런 세상을 누구나 얼마든지 상상할 수는 있다. 우리는 믿을 수 없을 만큼 상상력이 뛰어난 존재들이니까. 그런데 여기서 상상할 수 없는 것은 '어떻게' 하면 그러한 세계에 들어갈 수 있는가, 하는 구체적인 방법이다.

좀 더 정확히 말하면, 지금 우리가 처한 상태에서 어떻게 하면 우리 자신을 떼어 놓을 수 있는가, 하는 문제이다. 대부분의 사람들은 지금 우리가 처한 상태를 아무 문제가 없는 것처럼 여기고 있다. 지금의 상황 속에서 편안하게 살아가는 사람들이 많기 때문이다.

뭐, 모두 다 그런 것은 아니다. 많은 이들이 빈곤 속에서 허덕이고 있으니까. 그러나 그들 또한 언젠가는 편안한 삶을 살 수 있게 되기를 희망한다. 삼백 년 전 유럽에서 가동되기 시작해 지금은 전 세계를 아우르는 '마법의 기계'가 그들의 삶을 편안하게 해 줄 거라고 기대하는 것이다.

그 기계란 대체 무엇일까? 산업 혁명이 시작된 시대로 돌아가 보자. 화석 원료를 사용하고 세계 각지에서 가져온 자원을 활용해 산업 국가들은 기술의 진보를 이끄는 경제 시스템을 만들었다. 그리고 수많은 경제적·정치적 위기와 파괴적인 전쟁 등의 갈등에도 불구하고 오늘날까지 기술적인 진보를 끊임없이 이어 나가고 있다. 새롭고 매혹적인 도구들이 계속 발명해 기존의 장치를 대체하면서 점점 더 가속화하고 있다.

이러한 시스템은 생활 여건의 개선으로 이어졌다. 삶이 더 편안해졌으며, 먹고사는 일에 드는 비용이 줄어들고, 의사소통이 한결 수월해졌다. 많은 국가들이 건강 및 생계 지원 시스템을 구축했고, 사회적 평화와 안전, 교육을 기반으로 하는 법치 국가 체제가 생겨났다.

한마디로 모든 것이 점점 더 좋아졌다. 과거의 이야기를 듣다 보면, 그런 상황에서 사람들이 어떻게 살아갈 수 있었을까, 하고 의문이 들 만큼……. 예전에는 아이들이 비바람이 몰아치는 날씨에도 불구하고, 때로는 무릎까지 쌓인 눈을 헤치며 수 킬로미터를 걸어 학교에 가야 했다. 자동차나 버스 같은 대중 교통망이 없었기 때문이다.

그때는 텔레비전이나 휴대폰, 인터넷은 고사하고 전화기조차 없었다. 다른 나라로 비행기를 타고 가는 것은 아주 부자인 사람들만이 할 수 있었다. 지금 우리가 더 편안하게 살고 있다는 것은 의심할 여지 없이 분명한 사실이다.

이 같은 마법의 기계가 돌아가기 시작한 것은 단지 화석 원료하고만 연결되는 게 아니다. 권력의 논리에 따른 정치적 정복이나 식민주의 같은 요인들도 나름대로 중요한 역할을 했다. 그러나 화석 에너지의 사용으로 생산성의 엄청난 증가를 이끌어 냈고, 그에 따른 급속한 경제 성장으로 이어진 것만큼은 부인할 수 없는 사실이다.

삼백 년 전만 해도 인류 역사상 일찍이 볼 수 없었던 높은 성장률을 기록했다. 즉, 점점 더 많은 제품이 생산되고 점점 더 많은 제품이 소비되었다. 제2차 세계 대전 이후 미국과 소련 등 세계 여러 나라는 끊임없이 경제 성장에 집중했고, 그 결과 많은 사람들이 복지의 혜택을 누렸다. 이런 저런 불평등이 감소하면서 사회적 갈등도 줄어들었다.

우리는 '성장'이라는 개념을 잘 알고 있다. 이 개념이 강조하는 메시지는 성장만 하면 모든 것이 다 잘될 것이라는 확고한 믿음이다.

거짓 약속으로 만들어진 꿈

'점점 더'라는 이 마법의 기계는 아무 문제 없이 작동했다. 경제는 당연히 어느 곳에서나 성장해야 한다. '점점 더 많은' 기술적 진보, '점점 더 많은' 제품, '점점 더 많은' 번영을 생산해야 한다.

하지만 이것은 바로 '마법의' 기계이다. 우리를 홀리고 속인다. 우리에게 거짓 약속을 하고 있다. 마법의 기계는 전혀 존재하지 않는 세계를 기반으로 하고 있기 때문이다.

독일 바이에른의 왕 루트비히 2세는 한때 그가 소유한 두 개의 성에 마법의 식탁을 갖고 있었다. 왕이 배가 고플 때면 이 마법의 식탁이 바닥에 올라왔는데, 그 위에는 최고의 요리가 가득 차려져 있었다. 하지만 이 마법의 식탁 뒤에는 왕이 보지 못했던 것, 아니 보려 하지 않았던 것이 있었다. 바로 그가 먹는 음식은 한 층 아래에 있는 누군가가 정성껏 요리한 후 식탁에 차려진다는 사실이었다.

마법의 기계도 마찬가지다. 외부로부터 계속해서 먹을 것이 공급되어야만 작동할 수 있다. 여기서 '외부'는 지구의 천연자원이다. 사람들은 지구가 천연자원을 끝없이 제공하지는 못한다는 사실을 짐짓 무시해 왔다. 채취되는 석유량이 줄어들면 더 깊숙이 파고들었다. 어획량이 줄어들면 더 먼 바다로 나갔다.

물이 부족해지면 더 멀리서 끌어왔다. 주민 수가 늘어나는 만큼 도시

를 더 확장시켰다. 말하자면 사람들은 마치 무한히 크고 넓은 세계에서 살고 있는 것처럼 행동했다.

그러나 이 경우의 '외부'는 시간적 외부, 즉 미래이기도 하다. 마법의 기계는 미래의 이익이 현재로 당겨져 투입되는 경우에만 계속해서 돌아갈 수 있다. 이는 우리가 일상에서 빚을 지게 되는 이유이기도 하다. 일단은 돈을 빌리고, 빌린 돈을 투자를 하며, 미래의 이익으로 빌린 돈을 갚을 수 있을 것이라고 확신한다.

여기에도 마법 같은 무언가가 들어 있다. 왜냐하면 무슨 일이 일어날지 전혀 알 수 없는 미래를 당겨쓰기 때문이다. 이는 비행기를 타고 무턱대고 날아오르면서, 누군가가 안전하게 착륙할 활주로를 만들어 주기만을 바라는 것과 똑같다.

여기서 하나의 거대한 수수께끼가 등장한다. 마법의 기계는 이제껏 잘 작동해 왔고, 지금도 여전히 잘 돌아가고 있음에도 불구하고 아주 많은 사람들은 이제 그 기계의 마법이 다 사라져 버린 것처럼 느낀다. 지구에서 살고 있는 사람은 정확히 지구에 존재하는 것만큼만 사용할 수 있다. 지구에서는 끝없이 성장할 수가 없다. 언젠가는 끝이 난다.

많은 사람들은 미래를 미리 당겨쓸 수 없다는 사실을 알고 있다. 미래는 그 누구도 예측할 수 없기 때문이다. 1989년의 독일 베를린 장벽 붕괴나 2001년의 미국 세계 무역 센터 테러는 아무도 예견하지 못했던 일이다. 그뿐만 아니라 미래 또한 유한한 자원이다. 거대 석유 회사 및 가스 회사들이 향후 수십 년 동안 계획한 대로 석유와 가스를 채취하고 태우면, 지구의 기후는 100퍼센트 확실하게 망가질 것이다. 그러면 우리는 단지 살아남는 것만이 전부인 세상에 있는 스스로를 발견할지도 모른다. 그때가 되면 우리에게 미래라는 자원은 이미 다 써 버리고 없는 것이나 마찬가지다.

많은 사람들은 이처럼 우리가 잘못된 방향으로 나아가고 있다고 생각한다. 그럼에도 불구하고 마법의 기계는 계속해서 돌아간다. 그것도 점점 더 빠르게! 그 기계가 세계의 많은 지역에서 초래한 피해는 이미 무시할 수 없을 만큼 분명하다. 우리는 그것이 저지르는 일을 두려워하면서도 그 기계에 먹을 것을 계속 대주고 있다.

마법의 기계는 단지 지구의 환경을 바꿔 놓은 것만이 아니다. 우리 인간을 변화시켰다. 어찌 보면 마법의 기계가 우리의 삶을 하나의 꿈으로 만들었다.

자연에 대한 잘못된 그림

꿈에서는 종종 터무니없는 일들이 일어난다. 우리는 그런 사건들의 일부가 되곤 한다. 꿈속에서 우리는 행위자인 동시에 관찰자이다. 그런 일은 현실에서는 가능하지 않다. 그저 꿈이기에 가능한 일이다.

이는 21세기를 살아가고 있는 대부분의 사람들이 처한 현실이다. 지구의 파괴는 언뜻 아마존이나 사헬 지역(사하라 남부의 사막과 초원의 경계가 되는 지역. 인구의 과다한 증가에 따른 농경지 확장과 사육 가축 수의 증가로 사막화가 아주 빠르게 진행되고 있다.—옮긴이), 남극처럼 아주 먼 어딘가에서 일어나는 사건처럼 아득하게 느껴진다.

그러나 사람들은 지구의 파괴와 깊은 관련이 있다. 그들의 일상적인 행동으로 대기가 뜨거워지고, 동물과 식물이 멸종되고, 지구가 쓰레기로 점점 더 더럽혀진다.

내연 기관이 달린 자동차를 운전하거나, 비행기를 타거나, 천연가스로 집을 따뜻하게 하는 사람은 누구나 이산화 탄소를 대기 중으로 방출하는 데 책임이 있다. 육류 제품이나 면화 제품, 야자유 제품처럼 넓은 지역의 산림을 벌목해서 생산하는 물건들을 구입하는 사람은 야생 동식

물의 서식지를 훔치고 빼앗는 셈이다. 플라스틱 제품을 사용하는 사람들은 그중 상당량이 자연에 버려질 가능성이 높은 쓰레기를 세계 곳곳으로 퍼뜨리는 것과 같다.

물론 모든 사람이 이런 일에 똑같은 정도로 관여하고 있는 것은 아니다. 사람에 따라 차이가 크다. 그렇다고 해서 대부분의 사람들이 어떤 형태로든 생물권을 파괴하는 데 한몫 거들고 있다는 사실이 바뀌지는 않는다.

이 같은 상황은 부유한 나라의 사람들과 관련이 더 깊다. 심지어는 인터넷에 접속하는 것만으로도 생물권을 손상시키는 데 일조하고 있다. 인터넷을 유지하기 위해서는 비행기를 타고 세계 일주를 할 때와 같은 양의 이산화 탄소를 생산하기 때문이다. 부유한 국가일수록 쓰레기 배출량과 배기가스 생산량이 더 많아진다.

그럼에도 불구하고 대부분의 사람들은 이 모든 일들과 아무 관련이 없다는 듯이 군다. 생물권의 파괴가 마치 어느 영화관의 스크린에서 벌어지는 일인 것처럼 여기는 것이다. 영화를 보면서는 등골이 오싹해지지만, 집으로 돌아간 뒤에는 아무 일도 없었다는 듯 계속해서 똑같이 살아간다.

이는 상당히 부조리한 상황이다. 사람들에게 그런 부조리한 점을 이야기하면 대부분은 순순히 인정을 한다. 그런 모습은 우리의 상황을 더 더욱 황당하게 만든다. 우리는 어쩌다 이런 상황에 빠져든 것일까?

아주 간단하다. 마법의 기계는 사람들에게 대를 이어 가며 편안한 삶을 살도록 해 주지 않는다. 어떤 이유로 마법의 기계가 멈칫거리게 되면, 지체 없이 자연의 새로운 물질과 힘을 사용한다. 얼마 안 있으면 기름이 동이 날 거라고? 아무 문제 없다. 다른 자원을 사용하거나 새로운 원유 채취 방법을 고안하면 되니까. 여기서 중요한 것은 자동차를 운전하고 비행기를 탄다는 사실이다.

이는 사람들이 무슨 짓을 하든 자연이 개의치 않는다는 생각에 근거한다. 자연은 공짜라는 생각을 갖고 있는 것이다. 수십 년 동안 전 세계의 어느 회사도 제품을 제조할 때 대기 중으로 이산화 탄소를 불어넣은 비용을 지불하지 않았다. 그럴 필요가 없다고 생각했을 것이다. 대기는 그저 거기에 있을 뿐, 그 누구에게도 속하지 않기에 원하는 대로 마음껏 사용할 수 있다고 여겼으리라.

이산화 탄소 배출에 적당한 가격을 매긴다면, 서울에서 뉴욕까지 가는 비행기는 얼마의 비용을 치러야 할까? 과일을 수입하는 것은? 막무가내로 잘려 나가는 열대 우림의 나무로 만든 종이는? 열대 우림을 벌목하고 거기에 사용된 물 값을 청구한다면 쇠고기 1킬로그램의 가격은 어마어마하게 비싸질 것이다. 무두질과 염색으로 발생하는 환경 피해 비용을 계산한다면 많은 사람들이 가죽 신발 신는 걸 포기해야 할지도 모른다.

그러나 여전히 자연이 무한하다는 생각은 우리 내면 깊숙이 자리하고 있다. 즉, 우리가 갖고 있는 자연의 이미지는 현실이 아니라 우리 삶의 방식을 계속할 수 있기를 원하는 '바람'에 기반을 두고 있다. 그것 외의 다른 방식을 알지 못하기 때문이다.

이는 아주 중요한 핵심 요소이다. 생물권의 파괴에 대한 토론과 논쟁에서는 단지 이산화 탄소 배출, 특정 동물 종의 보호, 쓰레기 분리 같은 피상적인 문제들만 언급된다. 여기서 진정으로 문제 삼아야 하는 핵심은 삼백 년 전에 화석 연료를 사용하면서 시작되었고, 결코 멈추지 않는 경제 성장을 기본 전제로 삼고 있는 복지 모델이 지금도 여전히 계속되고 있다는 사실이다.

이것이 바로 자연 파괴가 수십 년 동안 이야기되고, 회의가 계속해서 열리고 협약이 체결되는데도 점점 더 악화되고 있는 이유이다. 진정한 의미에서의 글로벌 환경 회의는 1992년에 브라질의 리우데자네이루에서 처음 개최되었다. 그 당시 미국 대통령이었던 조지 부시는 환경 운동가들의 우려에 깊이 공감하고 있는 듯했다.

그러나 그날 회의에서 그는 이렇게 말했다.

"미국식 '삶의 방식'은 논의 대상이 아닙니다."

그 당시에는 미국식 '삶의 방식'이었던 것이 이제는 전 세계적인 '삶의 방식'이 되었다. 마법의 기계는 세계의 거의 모든 국가를 점령했다. 그리고 거의 모든 사람의 마음속에 자리를 잡고 있다. 실제로 사람들은 자연을 더 많이 사용하면 할수록 그만큼 더 좋아진다는 확신을 갖고 있다.

이것 또한 인간이 만든 이산화 탄소 배출이 '정말로' 지구 대기의 온난화에 책임이 있는지에 대해 지난 수십 년 동안, 특히 미국에서 많은 논란이 벌어졌던 이유이다. 과학자들은 그것이 의심할 여지가 없는 사실이라는 것을 이미 오래전부터 알고 있었다. 대형 석유 회사나 가스 회사들도 마찬가지였다.

그들은 1980년대에 이미 그 같은 연관성을 분명하게 보여 주는 연구 결과를 확보했다. 하지만 석유와 가스를 채취해서 많은 돈을 벌기 위해 연구 결과를 공개하지 않고, 그 연관성에 대한 의문을 계속해 제기하기로 결정했다. 그리고 많은 사람들은 그러한 의문 제기에 고마움을 표시했다. 예전과 같은 '삶의 방식'을 고집할 핑곗거리를 제공해 주었기 때문이다.

교육을 받았든 받지 못했든, 똑똑하든 똑똑하지 못하든, 대부분의 사람들에게는 지금까지 해 온 방식 그대로를 지속할 수 있다는 사실만이 중요했다. 자연의 파괴는 기존의 다른 문제들처럼 우리가 어떻게든 해결할 수 있는 일시적 문제에 불과하다고 여겼을지도…….

실제로 우리의 '삶의 방식'을 전혀 바꾸지 않고도 '해결했던' 환경 문제가 이미 한 차례 있었다. 1980년대 중반에 과학자들은 상층 대기(지상 2~3킬로미터보다 높은 곳의 대기. 대류권, 성층권, 중간권 등으로 나뉜다.—옮긴이)의 오존층이 현저하게 감소했다고 보고했다. 오존층은 햇빛에 들어 있으며, 인간에게 해를 끼치는 자외선을 걸러 준다. 따라서 오존이 적을수록 그만큼 더 많은 자외선이 지구에 다다른다.

오존층 감소의 원인은 비교적 빠르게 밝혀졌다. 그 당시 냉장고를 만드는 데 주로 사용했던 특정 가스가 문제였다. 몇 년이 지나지 않아 대부분의 국가들은 이 특정 가스의 사용을 금지하는 국제 협약에 서명했다. 이 합의는 오늘날에도 여전히 유효하며, 오존층을 회복하는 데 큰 도움을 주었다.

많은 정치인들은 이를 우리가 '환경과 관련된 문제'를 해결할 수 있음을 보여 주는 적절한 사례로 인용하곤 한다. 그러나 안타깝게도 이 사례는 우리에게 더 이상 도움이 되지 않는다. 지금의 상황과는 달리, 오존층 감소는 단순히 특정 화학 물질의 사용으로 빚어진 일이어서 별다른 노력 없이 다른 물질로 쉽게 대체할 수 있기 때문이다. 다시 말해, 우리의 '생활 방식'이 논의의 대상이 아니었기에 오존층 감소 문제는 큰 갈등 없이 해결할 수 있었던 셈이다.

우리의 '생활 방식' 자체가 문제의 원인일 때는, 그래서 우리 모두가 크든 작든 파괴적인 시스템의 일부일 때는 대부분의 사람들이 어찌할 바를 모른 채 당황하고 만다. 그러고는 이제까지의 방식을 계속 유지하며, 누군가가 어떤 방식으로든 큰 어려움 없이 문제를 해결할 수 있는 아이디어를 제시해 주기만을 기대한다.

이처럼 상당히 모순적인 상태는 태양이 지구 주위를 도는지, 아니면 지구가 태양 주위를 공전하는지를 놓고 수백 년 전에 벌였던 논쟁을 연상시킨다. 그 역시 따지고 보면, 지구가 태양 주위를 돈다는 것이 과학적 사실로 이미 명백히 증명되었기에 완전히 터무니없는 논쟁이다.

그러나 여기서 정작 문제가 되는 것은 과학적 사실이냐 아니냐가 아니었다. 중요한 것은 지구가 태양 주위를 돈다는 주장이 당시의 권력 관계, 특히 교회의 권력과 관련해서 갖는 의미였다. 다시 말해 정말로 무엇이 옳고 그르냐가 아니라, 누가 옳고 그른 것을 판단할 것인가가 문제시되었던 것이다. 그와 마찬가지로 지금 우리에게는 오직 하나, 특정한 '삶의 방식'을 지속할 수 있느냐가 문제의 전부이다.

이 논쟁은 이미 오래전에 끝이 났다. 그런데도 우리는 지금 그런 터무니없는 논쟁을 다시 벌이고 있다. 만일 우리가 살아가는 방식이 자연 파괴의 원인이라면, 어떤 식으로든 바꿔야 한다는 사실을 모두가 받아들여야만 하기 때문이다. 그러려면 '우리 자신이' 먼저 변해야 한다. 마법의 기계가 우리에게 제시했던 사고방식부터 버려야 하는 것이다. 그 사고방식 속에서 우리가 갖게 된 자연에 대한 이미지는 완전히 잘못된 그림이니까.

숙명적인 악순환의 고리

지난 수십 년 동안, 우리가 '환경과 관련된 문제'에 어떻게 대처해 왔는지 한번 살펴보자. 꽤 긍정적인 일들이 많이 일어났다. 전자 폐기물을 재활용하고, 인산염이 들어 있지 않은 세제를 만들었으며, 특정 살충제의 사용을 금지했고, 자동차 엔진의 유해 물질 배출을 감소시켰다. 그러한 노력들은 '환경을 위한 큰 성과'로 평가받고 있다.

사실 이러한 '성과' 사례들을 자세히 살펴보면, 우리가 자연에서 야기하는 피해를 때로는 상당 부분, 어떤 경우에는 아주 조금 감소시킨 것에 불과하다. 그런데도 우리는 자연을 조금이나마 덜 파괴한 것을 성공이라 일컬으며 자축하기 바쁘다.

자동차 광고를 보면, 유해 물질을 줄이기 위한 이런저런 대책이 "자연과 환경에 매우 좋다."고 선전하는 문구가 자주 눈에 띈다. 하지만 이는 새빨간 거짓말이다. 유해 물질은 여전히 자연으로 배출되고 있으며, 단지 그 양이 조금 줄었거나 배출되는 장소가 바뀌었을 뿐이다. 예를 들어, 독일의 공기는 전기 자동차가 많아지면서 점점 좋아지고 있다. 하지만 전기 자동차 생산에 필요한 물질이 채취되는 나라에서는 자연 파괴가 가히 엄청날 정도이다.

그런데도 사람들은 전기 자동차를 구입함으로써 자연에 뭔가 좋은 일을 하는 거라고 착각한다. 몇몇 사람들만이 '정말로 자연과 환경에 좋은

것'이 무엇인지 알고 있을 뿐, 대다수의 사람들은 자연에 대해 잘못된 이미지를 가지고 있거나 아예 아무런 이미지를 가지고 있지 않다.

지난 삼백 년 동안 마법의 기계는 자연이 우리에게 필요한 물질을 모두 제공할 뿐 아니라, 우리가 독소와 쓰레기 형태로 생산하는 것을 모조리 수용할 수 있다고 가르쳐 왔다. 그리고 실제로는 자연이 우리에게 전혀 필요하지 않으며, 우리 기술로 자신만의 세계를 건설할 수 있다고 믿게끔 만들었다.

하지만 사실은 그와 정반대이다. 우리에게는 그 어느 때보다도 자연이 필요하다. 우리의 모든 기술 시스템은 자연의 프로세스와 떼려야 뗄 수 없이 연결되어 있다. 예를 들어, 하나의 대도시가 아무 문제 없이 돌아가게끔 해 주는 유통 경로를 꼼꼼히 살펴보면, 모든 것이 자연이라는 이름의 '외부'와 연결되어 있음을 금세 확인할 수 있다.

사람이 평생 동안 방 안에 갇혀 지내다 보면, 언젠가는 자신을 둘러싼 주변 세상이 필요하지 않다는 생각을 하게 된다. 많은 사람들은 자연에서 아주 멀리 떨어진 도시에서 살아가기에 인간에 의한 자연의 변화를 제대로 인식하지 못한다. 심지어 손상된 자연을 종종 정상적인 것으로 인식하기까지 한다. 그들의 눈앞에 있는 자연이 한때는 지금과 전혀 달랐다는 사실을 알지 못하기 때문이다.

이른바 '기준선 이동(shifting baselines)'이라고 불리는 이 현상은 사람들이 호수의 물고기나 숲속에 사는 새의 개체 수 등 생태계의 특정 상태에 대해, 이전 상태를 아예 모르기 때문에 '정상'으로 인식한다는 것이다. 그들의 '기준선', 즉 그들이 세상을 인식하는 기반은 오직 하나, 현재 상태일 뿐이니까. 그래서 무언가를 완벽한 정상이라고 받아들이고 나면 그 어떤 조치를 취할 필요성을 느끼지 못하게 되는 것이다.

우리는 대부분 자연과 멀리 떨어져 살고 있다. 그래서 책이나 텔레비전 다큐멘터리 프로그램에서 묘사되는 자연의 이미지가 현실과 일치한다고 믿곤 한다. '바깥세상'에 여전히 아주 많은 야생의 세계와 야생의 동물이 존재한다고 믿기에 딱히 뭔가 행동을 해야 한다고 여기지 않는다.

이는 숙명적인 악순환이다. 우리 마음속에서 자연이 멀어질수록 그만큼 더 파괴한다. 우리가 자연을 파괴할수록 마음속에서 그만큼 더 멀어지게 된다. 우리의 단 하나뿐인 고향이 완전히 폐허가 될 때까지.

이제 어찌해야 하는 걸까? 무엇이 되었든, 우리가 할 수 있는 일이 아직 있는 걸까? 우리는 그렇다고 믿는다. 그리고 그 일은 그리 어렵지 않다. 단지 그 일에 대해 생각해 보기만 하면 된다. '생각하기'는 바로 우리 인간이 누구보다 잘할 수 있는 일이니까.

제9장

세상을 바라보는 명료한 시각

"산책을 나갔다가 해가 질 때까지 밖에 있기로 했다.
왜냐하면 나가는 것이 실제로는
들어가는 것이라는 사실을 깨달았기 때문이다."

존 뮤어

아이들의 미래를 훔치다

어른들은 대부분 자식들을 걱정한다. 자신의 아이들이 건강한지, 안전하다고 느끼는지, 좋은 교육을 받고 있는지 등에 많은 관심을 기울인다. (몇몇 부모는 너무 걱정스러운 나머지 아이 주위를 헬리콥터처럼 늘 빙빙 돌아 '헬리콥터 부모'라고 불린다.) 물론 자연의 파괴가 문제시될 때면, 그들은 당연히 자신의 아이들부터 걱정한다.

"우리에게는 우리 아이들과 손주들을 위해 이 지구를 보전해야 할 책임이 있습니다."

"우리는 우리의 아이들에게서 지구를 잠시 빌렸을 뿐입니다."

"미래 세대에게는 살 만한 지구를 요구할 권리가 마땅히 있습니다."

일단 듣기에 좋지 않은가? 아주 많은 어른들이 자녀의 미래를 걱정하고, 그에 맞게 적절한 조치를 취하고 싶어 하는 거니까. 그러나 여기에는 하나의 함정이 있다. 그들이 바로 (물론 전부는 아니지만 그들 가운데 아주 많은 사람들이) 자연이 점점 더 파괴되도록 허용하고, 그로 인해 자신의 자녀와 손주의 미래가 불안해지도록 만드는 장본인들이라는 사실이다.

그들은 너무 많은 자원을 소모하고 있다. 지구의 기후를 계속해서 가열한다. 동물과 식물의 서식지를 빼앗는다. 엄청난 양의 쓰레기를 생산한다. 물론 일부러 그렇게 하는 사람은 거의 없지만, 그런 문제에 대해 진지하게 고민하지도 않는다. 아이들의 미래를 그토록 걱정하면서 그들의 미래를 훔치고 있는 셈이다.

수백 년 동안, 아니 수천 년 동안 부모들은 자녀의 미래에 대해 특별히 걱정하지 않았다. 더구나 그 후의 미래 세대의 미래에 대해서는 더더욱 걱정한 적이 없었다. 그저 자녀들이 언젠가 더 나은 삶을 살게 되기를 바랐을 뿐이다. 이 같은 바람은 자신의 자녀들에게 최고의 상황에서 그들의 삶을 시작할 수 있는 기회를 제공하는 것을 의미한다.

하지만 대부분의 어른들은 자녀들의 삶, 또는 그 자녀들의 자녀들의 삶이 훗날 어떤 모습일지, 그들의 미래가 어떤 모습일지에 대해 거의 생각하지 않는다. 왜일까? 그럴 필요가 없었기 때문이다. 미래는 미지의 가능성으로 가득 찬 하나의 공간과 같으며, 모든 세대는 저마다 그 공간에서 마땅히 최선의 것을 끌어내어야 했다. 그동안은 어느 한 세대에서 일어난 일이 훗날 다음 세대의 삶에 근본적인 영향을 미치지 않았

던 것이다.

하지만 지금은 상황이 달라졌다. 이제 한 세대에서 일어나는 일이 다음 세대의 삶에 막대한 영향을 미친다. 예를 들어, 지금 이 순간 멸종되고 있는 동물 종은 미래에는 다시 존재하지 않을 것이다. 지금 이 순간 대기 중으로 밀려 들어간 1그램의 이산화 탄소는 그곳에 아주 오랫동안 머물면서 지구를 따뜻이 데울 것이다. 지금 바다에 버려진 한 조각의 플라스틱은 최대 사백 년 동안 바다를 떠돌아다닐 것이다. 현재는 이렇게 미래에 지속적으로 영향을 미친다.

그러나 어른들은 이 점을 이해하지 못하거나 굳이 이해하려 들지 않는다. 아이들이 ('미래를 위한 금요일' 시위에서처럼) "어른들이 자신들에게서 미래를 훔치고 있다."고 주장할 때면, 매우 억울해하며 분개하기도 한다. 그리고 따지듯이 묻는다.

"이게 대체 무슨 소리지? 우리는 너희에게 가장 좋은 것만을 주려고 애쓴단 말이야. 그런데도 너희는 불평만 늘어놓는구나!"

어떤 어른들은 마치 그럴 의도가 전혀 없었던 것처럼 행동한다. 아이들이 시위를 벌이는 것 자체에 대해서는 아무 문제가 없다고 여긴다. 그들의 시위가 자신의 행동과 관련이 있다고 전혀 생각하지 못하기 때문이다. 그들은 이렇게 말한다.

"다음 세대에게는 바로 그들만의 문제가 있습니다. 나는 예전에 원자력에 반대하여 거리로 나섰고, 요즘 젊은이들은 기후나 벌을 지키기 위해 거리로 나섭니다."

또 다른 어른들은 자신의 자녀들을 보호하려 한다. 미래의 위험으로부터가 아니라, 그런 위험에 관한 '정보'로부터 지키려 하는 것이다. 그들은 이렇게 말한다.

"우리 아이들이 쓸데없이 재난에 관한 보도나 뉴스를 접하게 해서는 안 됩니다. 그건 그들을 단지 두려움에 빠뜨릴 뿐이니까요."

이 모든 행동은 뭔가 이상하고 부적절하다. 그 이유는 지금 우리가 처한 상황과는 매우 어울리지 않기 때문이다. 현재와 미래 사이에는 무언가가 있다. 우리가 이 '무언가'를 명확한 시선으로 바라보고 인식할 때라야 비로소 지금의 상황을 바꿀 수 있다.

자연과의 전쟁, 미래와의 전쟁

사람들은 지금 자신도 모르는 사이에 자연과 전쟁을 벌이고 있다. 그와 더불어 미래와도 전쟁 중이다. 그렇다고 해서 사람들이 하는 '모든' 행동이 자연을 거스른다는 의미는 아니다. 수천 년 동안 우리 인간은 기본적인 욕구를 충족시키기 위해 천연자원을 사용해 왔으며, 앞으로도 계속 어떤 식으로든 그렇게 할 것이다.

좋은 삶을 살기 위한 오늘날의 가장 일반적인 공식은 아주 단순하다. 바로 '점점 더'이다. 그리고 이 공식은 자연을 끊임없이 소비하게 만든다. 그렇기 때문에 현재와 미래는 함께할 수 있는 것이 아무것도 없다. 우리가 자연과 전쟁 중이라는 사실을 인정하고 싶어 하지 않기 때문이다. 우리의 복지, 그리고 우리가 이룩한 거의 모든 성취가 식물과 동물, 그 밖

의 자연 세계를 대상으로 하는 엄청난 착취를 기반으로 하고 있다는 사실을 인정하고 싶지 않은 것이다.

사람들은 그런 것들에 대해 생각조차 하지 않는다. 그냥 원래부터 그런 것이라고 받아들인다. 마치 물고기가 자신이 헤엄치는 물에 대해 생각하지 않은 채 그냥 그 속에서 살아가고 있는 것처럼.

'점점 더'의 치명적인 함정

'점점 더'로 엄청나게 많은 돈을 버는 사람들은 지구 전체 인구와 비교할 때 수적으로 그리 많지 않다. 대기업의 경영진이나 정치인 등 상대적으로 매우 강력한 힘을 가진 사람들이기 때문이다. 그들은 기존의 경제 원칙을 조금이라도 바꾸는 데 전혀 관심이 없다. 그래서 인간이 자연에 미치는 영향은 그리 대단하지 않으며, 지금 나타나는 재난은 다른 요인들에 원인이 있다고 주장한다.

물론 그보다 훨씬 더 많은 사람들은 자연 파괴가 인간에게서 비롯한다는 사실을 받아들이고 그에 대한 조치를 취하기를 바란다. 그러나 그러한 조치로 자신이 뭔가 영향을 받게 되는 순간, 곧바로 강력하게 반대하고 나선다. 이제까지의 생활 방식을 조금도 바꾸려 하지 않는다. 그들은 자신이 어떻게 살아야 하는지와 관련해서 남들로부터 이래라저래라 지시를 받고 싶어 하지 않기 때문이다. 남들은 마음껏 호사스럽게 사는데, 자신만 왜 무언가를 포기해야 한단 말인가?

지구 한켠에서는 지난 삼백 년 동안 물질적 풍요를 창출했던 방식이 가져다준 혜택을 전혀 누리지 못했다. 그래서인지 가난한 나라 사람들이나 인도와 브라질 같은 개발도상국 국민들은 부유한 나라들로부터 어떻게 복지를 이룩해야 하는지 귀 기울여 들으려 하지 않는다.

이는 사실 충분히 이해할 수 있는 일이다. 부유한 나라들은 부자가 되기 위해 지난 수십 년 동안 자연을 여지없이 파괴해 왔다. 그래 놓고선 '바로 그들'이 이제 와서 가난한 나라 사람들에게 그렇게 하면 안 된다고 규제를 가하고 있기 때문이다. 가난한 나라 사람들은 그런 일이 공평하지 않다고 여긴다. 그들은 지구의 자원 가운데서 자신의 몫을 챙기고 싶어 한다. 마법의 기계를 사용하려 하고, 다른 사람들이 일찍이 그랬던 것처럼 '점점 더'의 원칙을 적용하고자 한다.

이해관계가 저마다 다르긴 하지만, 그들에게는 어떤 대가를 치르더라도 마법의 기계를 계속 작동시키고 싶어 하는 공통점이 있다. 그래서 자연의 파괴는 갖가지 시위와 경고에도 불구하고 전 세계 거의 모든 국가에서 계속되고 있다. 자연 파괴가 점점 더 가속화되고 있기에 앞으로 더 많은 대재난이 발생할 것이다.

여기서 아주 흥미진진한 지점에 도달한다. 왜냐하면 다음과 같이 말하는 사람들이 있기 때문이다.

"재난 상황이 진짜로 심각해지거나 엄청난 재앙이 일어나야만 비로소 사람들이 깨닫게 될 것입니다."

상하이나 뉴욕이나 함부르크 같은 거대 도시가 해수면 상승으로 물에 잠기거나, 전 세계에서 생물 종이 가장 다양하지만 수십억 톤의 이산화 탄소를 묶어 두고 있는 브라질 열대 우림이 파괴되어야만 사람들이 이런 식으로 계속 살아서는 안 된다는 사실을 분명하게 깨우치게 되리라는 뜻이다.

언뜻 보기에 매우 논리정연한 말처럼 보인다. 왜냐하면 우리 뇌는 예상되는 미래의 위험보다는 현재의 위험에 반응할 가능성이 훨씬 더 높으니까. 이런 주장에 깔려 있는 논리는, '진정으로' 아파 봐야 뭔가 잘못했다는 걸 깨닫고 마침내 행동하게 된다는 얘기다. 실제로 인류의 역사에서는 실수가 눈에 띄게 비참한 결과를 불러올 때 뭔가를 톡톡히 배웠던 사례가 꽤 많긴 하다.

그런데 좀 더 생각해 보면, 이런 주장이 생물권의 파괴로부터 우리를 진짜로 구할 수 있는 것인지는 의구심이 든다. 진정으로 심각하고 커다란 재난이 일어났던 적이 이미 여러 차례 있었기 때문이다.

2005년 8월, 허리케인 카트리나는 미국 남동부 지역에 막대한 피해를 입혔다. 뉴올리언스시는 거의 물에 잠겼고, 그 일로 약 이천 명이 사망했다. 그리고 2012년에는 허리케인 샌디가 카리브해와 미국 동부 해안을 강타하여 섬 전체가 초토화되고 뉴욕의 일부가 물에 잠겼다. 피해액이 수십억 달러에 달했다. 이산화 탄소로 대기가 지금처럼 뜨거워지지 않았다면, 두 개의 허리케인 모두 그렇듯 파괴적이지는 않았을 것이다.

이 둘 중 어느 하나도 사람들에게서 어떠한 깨달음을 이끌어 내지 못했다. 따라서 사람들이 재앙을 통해 배우기만을 기대하고 있을 수만은 없는 노릇이다. 이런저런 재난을 겪고도 사람들이 자연과의 전쟁을 멈추지 않는 이유가 또 있다. 마법의 기계가 사람들에게 아주 위험한 환상을 심어 놓았기 때문이다.

자연을 완전히 통제할 수 있다는 착각

태양 빛으로부터 보호하기 위해 지구 둘레를 따라 두른 반사 거울로 만든 보호 우산, 대기 중의 이산화 탄소를 빨아들이는 거대한 진공청소기, 진짜 꿀벌 대신에 꽃가루를 수정시키는 로봇 꿀벌, 이산화 탄소를 저장하는 지하 벙커, 그린란드의 얼음이 녹는 것을 막기 위해 빙상 위로 덮는 덮개……. 마치 공상 과학 영화에나 나올 것 같은 수많은 아이디어들이 요즘 진지하게 논의되고 있다. 자연 파괴가 계속되어 더 많은 재난이 닥치게 될 경우를 대비한 최후의 수단으로써 말이다.

사람들은 가능하다면 그런 장치들 중 어느 것도 실제로는 필요하지 않기만을 바란다. 그 같은 장치들이 제대로 작동할지 그 누구도 자신 있게 말할 수 없으니까. 그리고 그 조치를 실현하기 위해서는 먼저 기술부터 개발해야 하는 상황이다. 이러한 아이디어들의 대부분은 말 그대로 공상 과학 소설에나 나올 법한 미래의 비전이기 때문이다.

그러나 어느 시점에 다다르면 뭔가 조치를 취하기에 너무 늦을지도 모른다. 언젠가는 폭염과 홍수가 감당하기 어려울 만큼 자주 찾아올 것이고, 언젠가는 해수면이 너무 높아져서 더 이상 그러한 '해결책'을 외면할 수 없게 될 것이다.

많은 이들은 그런 상황이 와도 그다지 잘못된 것이라 여기지 않을 수도 있다. 그러한 생각 뒤에는 인간이 지구를 마치 하나의 거대한 기계 장치처럼 원하는 방향으로 조종할 수 있다는 환상이 숨어 있어서다. 독창적인 발명가의 기질과 돈만 있다면 생물권과 물질의 순환을 완벽하게 통제할 수 있으며, 마치 회사를 경영하듯 지구를 '관리'할 수 있을 거라는 환상 뒤에는 하나의 특정한 논리가 숨어 있다.

마법의 기계는 우리에게 지구의 자원을 착취할 수 있는 엄청난 힘을 부여했다. 그리고 이 힘이 무한하다는 생각, 다시 말해서 자연을 기술적 수단으로 완전히 통제할 수 있다는 생각을 함께 심어 주었다.

이 같은 생각은 엄청난 착각에 불과하다! 이른바 '지구 공학(Geo-Engineering, 지구 온난화를 인간 활동에 의한 결과물로 보고 기후 변화에 대응하고자 지구의 자연 시스템을 대상으로 인간이 개입하는 공학 기술적 시도.—옮긴이)이라고 불리는 기술적 수단으로 생물권을 통제하려는 시도는 아마도 우리 인간이 수행할 수 있는 것 가운데 가장 재앙적인 실험이 될 것이다. 그러한 행동은 상황을 더욱 악화시킬 뿐이다.

예를 들어, '인공 화산'이라는 아이디어가 있다. 이는 이산화황 미세입자를 성층권에 대량으로 뿌려 대기에 막을 형성시킨다. 화산 폭발로 분출된 이산화황과 화산재가 햇빛을 가려 지구 냉각 효과를 가져온 것처럼, 지구로 들어오는 태양 빛을 반사시켜 대기가 더 이상 가열되지 않도록 한다는 착상이다.

하지만 이 미세 입자들이 성층권의 오존층에 유입되고, 뒤이어 지구에서의 물질 순환에 개입한다면 환경에 어떤 변화를 가져올지에 대해서는 그 누구도 확실한 답을 내놓지 못하고 있다. 어쩌면 지구가 너무 많이 식어서 빙하기 때처럼 죄다 얼어붙을지도 모른다.

또, 거대한 댐을 쌓아 해수면 상승으로부터 인간과 도시를 보호할 수 있다는 아이디어도 있다. 최근에도 프랑스 북부와 영국의 남부 사이, 그리고 스코틀랜드와 노르웨이 사이에 댐을 건설한 뒤 북해의 수위가 너무 높아지지 않도록 조절해 함부르크나 코펜하겐 같은 항구 도시를 보호하자는 제안이 있었다.

그러나 이러한 조치의 결과는 북해를 완전히 다른 생태계로 바꿔 놓을 게 뻔하다. 더 이상 바닷물이 유입되지 않으면 오래지 않아 간만(간조와 만조를 아울러 이르는 말. 간조는 바다에서 물이 빠져나가 해수면이 가장 낮은 상태이며, 만조는 밀물이 꽉 차게 들어와 해수면이 가장 높을 때를 가리킨다.—옮긴이)의 변화가 없는 담수호(염분 함유량이 1리터 중에 500밀리그램 이하인 호수. 대부분의 호수가 여기에 속한다.—옮긴이)로 변할 테니까. 그렇게 되면 이전의 동식물들은 죽을 것이고, (가능한 일일지는 모르지만) 새로운 기능을 하는 생태계가 형성되기까지는 아주 오랜 시간이 걸린다.

그뿐만이 아니다. 아주 실질적인 문제들도 있다. 댐을 건설한다면, 얼마나 높이 쌓아야 할까? 베네치아나 로테르담 바다 앞에 세우기로 이미 계획된 댐과 보호 장치도 아마 잠시 동안만 겨우 견뎌 낼 수 있을 것이다. 어느 날 거대한 빙하와 빙상이 완전히 녹거나 바다로 미끄러져 들어가 해수면이 아주 강력하게 상승한다면? 대부분의 항구 도시는 바다 밑으로 가라앉을 수밖에 없다.

또한, 빙하와 빙상이 녹지 않도록 덮개를 씌운다면 얼마나 두껍게 만들어야 할까? 어쨌거나 특정 온도를 넘어서면 아무리 최상의 단열재라 할지라도 더 이상 도움이 되지 않을 것이다.

물론 이 가운데서 무엇이든 시도해 볼 수는 있다. 우리는 그런 시도에 필요한 엄청난 비용을 감당할 수 있고, 그러한 조치를 맡아 진행할 세계에서 가장 똑똑한 사람들을 고용할 수도 있다. 어쩌면 한동안은 아무 문제가 없을지도 모른다.

하지만 얼마 지나지 않아 24시간 내내 우리가 취한 수리 조치가 일으키는 문제에 대처하는 것 외에는 아무것도 하지 못하는 세상에서 살게 될지도 모른다. 이전보다 자연에 훨씬 더 의존하게 되는 미래에 살게 될 수도 있다.

왜냐하면 자연은 완전히 통제할 수 없기 때문이다. 팬데믹, 메뚜기 떼로 인한 피해, 화산 폭발 등 그 누구도 예측할 수 없는 일들이 계속해서 일어나고 있다. 우리가 전혀 이해하지 못하고, 앞으로도 결코 이해하지 못할 일들이 아주 많이 발생한다. 그렇기 때문에 대부분의 과학자들은 이러저러한 기술적 조치가 우리가 안고 있는 문제에 대한 해결책이 될 수 없다고 생각한다. 지금 이대로 계속된다면, 그 어떠한 대안도 가능하지 않을 것이다. 그만큼 막다른 골목에 몰려 있는 셈이다.

우리는 이 모든 것을 똑바로 바라볼 수 있어야 한다. 우리 인간은 자연과의 전쟁에서 결코 승리할 수 없으며, 자연을 파괴할 수 있을 뿐 결코 통제할 수는 없다는 사실을 인정해야 한다. 그러고 나서 '점점 더'라는 길에서 벗어나 우리 문명을 위한 다른 길을 찾아야 한다. 우리에게는 더 이상 자연과의 전쟁을 감당할 여력이 없다.

이 지점에서 우리는 중요한 발걸음을 내디뎌야 한다. 그리고 스스로에게 하나의 질문을 던져야 한다.

좋은 삶이란 어떤 것인가?

'점점 더'를 삶의 원칙으로 삼지 않고 다른 방식을 시도하는 사람들, 협동조합이나 공동체에서 벌어들인 이익을 재투자하는 사람들, 자신이 소비하는 전기를 스스로 생산하는 사람들, 자신의 지역에서 유통되는 통화를 만들거나 물물 교환소에서 상품을 거래하는 사람들, 생태 마을에서 직접 심어 키운 것 위주로 먹고 사는 사람들…….

이들은 이른바 '이탈자'로 간주된다. 가끔은 망상가나 미치광이로 여겨지기도 한다. 어쨌거나 괴짜로 대접받는다. 이 사람들에게는 한 가지 공통점이 있다. 자연을 착취하지 않는다는 점이다. 자신들이 사는 곳뿐만 아니라 먼 나라의 자연도 절대 착취하지 않는다.

물론 '점점 더'를 삶의 원칙으로 선택하지 않기로 결심한 사람들은 그리 많지 않다. 우리 중 아주 소수만이 자신의 삶에서 '벗어나기'를 원하기 때문이다. 이렇듯 다른 삶을 사는 사람들이 스스로에게 던지는 근본적인 질문은 늙었든 젊든, 부유하든 가난하든, 믿든 믿지 않든, 흑인이든 백인이든 상관없이 우리 또한 스스로에게 할 수 있다.

"좋은 삶을 살기 위해서는 무엇이 필요한가? 좋은 삶이란 과연 어떤 것인가?"

이 질문은 이천 년 전부터 철학자들의 머릿속을 사로잡았다. 그들은 저마다 다른 대답을 내놓았다. 자신에게 '좋은 것'은 얼마든지 각자 다르게 해석할 수 있기 때문이다. 그러나 지금 우리는 이 질문에 철학적으로 접근하는 대신, 아주 구체적으로 답하려 한다. 우리가 행복하기 위해서는 어떤 상황과 어떤 관계, 어떤 것들이 필요할까?

물론 이 질문에 답한다는 것은 쉬운 일이 아니다. 특히나 다른 사람들이나 광고로부터 행복한 삶을 살기 위해서는 신형 스마트폰이나 아이패드, 새로 나온 컴퓨터 게임, 특정 브랜드의 신상 운동화나 청바지, 새로운 스케이트보드 등 절대적으로 많은 것들이 필요하다는 말을 끊임없이 듣게 되는 청소년들에게는 더더욱 그러하다.

그게 다가 아니다. 나이가 들면 더 비싼 차, 더 좋은 집, 더 큰 텔레비전, 다른 나라로의 여행을 추천받는다. (그리고 우리를 행복하게 만들어 준다는 이 모든 것을 사기 위해 종종 허리띠를 졸라맨다.)

그러나 '점점 더'는 사람들을 더 행복하게 만들어 주지 못한다. 유럽과 미국에서 실시한 설문 조사에 따르면, 새로운 것을 구입해서 얻는 행복감은 금방 사라지고 만다. 전체 응답자의 3분의 2가량은 그들이 구매한 제품의 대부분이 실제로는 전혀 필요 없는 것이라고 대답했다. 평균적으로 우리는 갖고 있는 옷의 40퍼센트가량을 거의 입지 않으며, 식품의 3분의 1을 쓰레기통에 버린다.

어쩌면 우리는 그다지 필요하지 않거나 원하지 않는 제품들을 생산하기 위해 마법의 기계를 최대치로 작동시키는 것은 아닐까? 단지 그러기 위해서 자연을 파괴하고 있는 것은 아닐까? 이 얼마나 어리석기 짝이 없는 일인가! 대체 어떻게 된 일일까?

부유한 나라에 사는 사람들에게는 누군가에게서 보고 배운 행복과 좋은 삶에 대한 생각이 꽤 중요할 수 있다. 행복하기 위해 진정 필요한 것이 무엇인지, 또는 최근에 정말 행복하다고 느꼈던 때가 언제였는지 한번쯤 진지하게 생각하는 시간을 갖는다면 완전히 다른 것을 생각해 내게 될지도 모른다. 스스로에게 한번 물어보자. 행복하려면 무엇이 필요한가? 마지막으로 행복했던 때는 언제였는가?

이 책의 공동 저자인 우리가 이렇게 질문을 했을 때, 새 휴대폰이나 컴퓨터 게임을 갖게 되었을 때 가장 행복했다고 답한 사람은 이제껏 아무도 없었다. 사람들은 뭔가 다른 것에 관해 이야기하곤 했다. 예를 들면 육체적으로 아주 기분 좋게 느낄 때, 오롯이 살아 있다고 느낄 때 많은 사람들은 정말로 행복해한다. 다른 사람들, 가족, 친구, 또는 사랑하는 누군가와 가깝다고 느낄 때 많은 사람들은 정말로 행복해한다.

다른 누군가와 함께 무언가를 성취했을 때, 프로젝트를 성사시키거나 자신에게 중요한 무언가를 실행에 옮겼을 때 많은 사람들은 정말 행복해한다. 또는 자연 속에 머물며 그 아름다움에 감탄할 때, 자신이 더 큰 전체의 일부라고 느낄 때 많은 사람들은 정말로 행복해한다.

솔직히 말하건대, 이 마지막 행복의 순간은 우리 책의 주제와 잘 맞아

떨어진다는 이유로 그냥 끼워 넣은 것이 절대 아니다. 아주 많은 사람들이, 심지어는 대다수의 사람들이 자연 속에 있을 때, 자연의 일부라고 느낄 때 정말로 행복해하고 만족스럽다고 느낀다. 그들은 단지 그럴 기회를 자주 갖지 못할 뿐이다.

어쩌면 여러분은 지금 내심 웃고 있거나, 어쩌면 인상을 찌푸리고 있을지도 모른다. 누군가는 의아해하며 이렇게 되물어 볼지도 모른다.

'그럼 나보고 지금 나무를 꼭 껴안아 주기라도 하라는 건가? 그러면 모든 것이 다 잘될 거라고?'

뭐, 나무를 껴안는 것이 큰 기쁨을 줄 수도 있을 것이다. 하지만 진짜로 그렇게 하기를 원하는지는 오직 자기 자신만이 알고 있다. 우리는 간섭하지 않는다. 단지 여러분이 간단한 연습 과제를 실천해 보기 위해 앞부분에서 선택했던 장소로 다시 한번 돌아가 볼 것을 제안한다.

오직 여러분에게 달려 있다

기억하겠지만, 그곳은 봄이면 새들이 지저귀는 소리가 들리고, 여름이면 뜨거운 열기가 아지랑이처럼 피어오르고, 가을이면 촉촉한 땅 냄새가 나고, 겨울이면 얼굴 위로 떨어져 내리는 눈송이를 느낄 수 있는 곳이다.

이번에는 여러분에게 주위에 있는 모든 것, 즉 자연이 무엇인지 물으려는 것이 아니다. 우리는 이미 그 질문에 답했기 때문이다. 휴식의 장소, 광활한 숲, 숭고한 무엇……. 자연은 사람들이 그 안에서 보게 되는 그 무엇이다. 자연에 대해 이야기할 때면, 우리는 으레 인간적인 해석을 늘어놓는다. 자연 자체는 선하지도 않고 악하지도 않으며, 온화하지도 않고 잔인하지도 않으며, 이것도 아니고 저것도 아니다. 자연은 그저 그 자체일 뿐이다.

이제 우리는 그와는 다른 질문을 하나 던지려 한다.

"인간의 해석과는 별개로, 자연은 여러분과 어떤 관련이 있는가?"

이 질문은 우리에게 매우 중요하다. 왜냐하면 여러분은 지금까지 우리가 이 책에서 내내 말했던 것, 즉 우리 인간은 자연이고, 자연은 우리 문명의 기초지만, 지난 수세기 동안 우리가 자연을 파괴해 왔다는 얘기를 읽었기 때문이다.

이번에는 조금 다른 연습을 해 볼까 한다. 지금까지 '읽은' 내용을 직접 '느껴 보자'는 것이다. 비록 여러분이 의식하지는 못한다고 할지라도,

자연에서 보고 듣고 냄새 맡고 느끼는 모든 것과 불가분의 관계에 있다. 그러니까 무언가를 억지로 이해하거나 찾으려 하지 말고, 자연이 여러분에게 들어오도록 그냥 내버려 두자.

우선 큰 공원으로 나가 보자. 봄날의 첫 꽃봉오리, 알록달록한 빛깔의 꽃, 기다랗게 자라는 초록색 풀잎, 나뭇가지 끝에 매달린 열매……. 날마다 조금씩 달라지는 색상을 살펴보자. 나무 한 그루를 자세히 들여다보는 것도 좋다. 뿌리를 얼마나 단단히 땅에 내리고 있는지, 나무껍질에 주름이 어떤 모양으로 나 있는지, 해를 향해 하늘로 뻗은 수천 개의 가지와 잎들이 부채꼴로 펼쳐져 있는 모습을 관찰해 보자. 의심스러운 눈빛으로 여러분을 바라보는 다람쥐들, 여러분이 하는 일에 세심하게 주의를 기울이는 까마귀들, 말을 걸면 고개를 갸웃거리는 개들……, 이런저런 동물들을 눈여겨 보자.

농장으로 가서 소들을 자세히 관찰하는 시간을 가져 보자. 사람들은 대개 소를 하루 종일 빈둥거리며 먹기만 하는 지루한 동물로 생각한다. 그러나 인간을 포함한 다른 포유류와 마찬가지로 소는 매우 개별적이고 감정적인 생명체이다. 어떤 소도 다른 소와 똑같지 않다. 소들은 사춘기를 거쳐 다른 소들과 관계를 맺으며 긴 겨울을 보낸 뒤 목초지로 나가게 되면 기쁨에 겨워 펄쩍펄쩍 뛰어다닌다.

차를 타고 숲으로 가 보자. 숲은 식물, 균류 및 동물의 거대한 네트워크이다. 하루가 지나는 동안 숲의 분위기가 어떻게 변하고, 그곳에서 무슨 일이 일어나는지, 그저 가만히 있을 때면 무엇을 보고 들을 수 있는지에 주목해 보자. 어쩌면 노루 떼가 숲가로 나와서 저녁놀 아래 풀을 뜯는 걸 볼 수 있을지도 모른다.

아니면 저 멀리서 재빠르게 뛰어가는 늑대나 스라소니를 만나게 될지도……. 물론 그럴 가능성은 거의 없다. 늑대와 스라소니는 사람을 피하기 때문이다. 하지만 눈에 보이지는 않더라도 숲속 어딘가에 그들이 있다는 사실만큼은 느낄 수 있으리라.

이번에는 강으로 가 보자. 비록 인간에 의해 물길이 곧게 펴지거나 막히긴 했어도 강에는 여전히 비밀스럽게 숨겨진 장소가 있다. 강줄기를 따라 올라가거나 내려가면서 물이 어떻게 흘러가는지, 그 근처에서 자라고 있는 풀과 나무가 어떻게 변하는지, 강줄기 주변 곳곳에 어떤 동물이 살고 있는지 살펴보자.

모든 강은 맨 처음 물방울 하나에서 시작된다. 그 물방울은 이내 다른 물방울들과 하나로 합쳐진다. 강물은 갖가지 풍경을 자아내며 흘러가다가 다른 강과 합쳐지면서 바다로 이어진다. 수백만 년이 지나는 동안, 중요한 도시는 모두 강가에 세워졌다. 강은 우리 지구의 생명줄이다.

아니면, 자연 보호 구역이나 국립 공원 등 인간의 손길이 일체 닿지 않은 곳으로 찾아가 보자. 유럽의 경우라면, 벨로루시와 국경을 맞대고 있는 폴란드 동쪽의 숲이 그런 곳 중의 하나이다. 그곳에는 마지막 빙하기 이후의 모습을 거의 그대로 간직하고 있는 비아워비에자 숲이 있다.

비아워비에자 숲은 유럽에서 유일하게 남아 있는 원시림이다. 약 1,500제곱킬로미터에 이르는 이 숲에는 키가 50미터에 이르는 수백 년 된 나무들이 하늘을 향해 솟아 있고, 쓰러져 썩어 가는 나무에서는 수없이 많은 새 생명이 생겨나고 있다.

그래서 매우 엄격하게 숲을 보호하고 있으며, 핵심 보존 지역에는 전문 교육을 받은 가이드만이 들어갈 수 있다. 그곳에서 생명체가 얼마나 다양한지, 진화가 어떤 결과를 가져오는지 바라보고 있노라면 뭔지 모르게 압도당하는 느낌이 든다. 가문비나무, 너도밤나무, 물푸레나무, 떡갈나무, 보리수, 단풍나무 및 희귀한 약용 식물과 유독성 식물을 비롯해 셀 수 없이 많은 식물들이 자라고 있다.

또, 10종에 이르는 딱따구리가 있고, 구천 년 된 버섯이 있다. 그 밖에도 사슴, 노루, 여우, 오소리, 스라소니, 늑대, 고라니, 올빼미, 매 등 많은 야생 동물들을 관찰할 수 있다. 그중에서 들소와 물소는 유럽의 나머지 지역에서는 실질적으로 멸종된 상태이다.

자연에 대해 이야기할 때면, 으레 도시와 시골, 내부와 외부, 사람과 환경 사이의 경계를 떠올리곤 한다. 그러나 이 같은 경계는 애당초 존재하지 않는다. 이제껏 그 누구도 그 같은 경계선을 그리지 않았고, 앞으로도 그릴 수 없을 것이다. 왜냐하면 경계를 짓는다는 것 자체가 불가능하기 때문이다. 우리가 어디에 있든 자연은 늘 존재한다. 언제나 우리 주변에 있고, 또 우리 안에 있다.

자연의 모든 생명체는 우리와 마찬가지로 생겨나고, 꽃피고, 시들고, 죽는다. 모두 저마다의 삶을 살고 있다. 모든 삶에는 시작과 끝이 있으며, 그 사이에는 아마도 아주 많은 행복한 날들이 있을 것이다.

자연도 우리와 마찬가지로 끊임없이 다른 무언가로 변화한다. 우리 가운데 그 누구도 평생 동안 똑같은 모습으로 머물러 있지 않는다. 나이 들고, 배우고, 경험을 쌓고, 그리고 좀 더 현명해진다.

자연의 모든 것은 우리 모두와 마찬가지로 아름다운 행성, 지구의 일부이다. 일단 그런 사실을 느끼게 되면, 앞으로 우리가 자연 전쟁을 벌이지 않는다면 좀 더 행복하고 좀 더 나은 삶을 살 수 있으리라는 것을 이해하게 되리라.

하지만 그렇게 느끼고 이해한다는 것은 결코 쉬운 일이 아니다. 우리가 우리 자신을 자연의 일부로 느낄 수 있는 것만큼이나, 우리와 자연 사이에 일종의 필터를 설치한 뒤 그 너머로 자연에서 일어나는 일을 저마다의 방식으로 관찰하고 평가하는 것 역시 우리 인간의 고유한 특성이니까.

여러분도 마찬가지다. 지금 여러분이 있는 그곳에 여러분이 보고 느끼고 냄새 맡고 듣는 것 사이에다 필터 하나를 끼워 넣고 있을 것이다. 이 필터의 투과성이 어느 정도인지는 전적으로 여러분에게 달려 있다. 어떤 과학자도, 어떤 교사도, 어떤 저자도, 아니 그 어떤 어른도 여러분을 대신해서 결정을 내려 줄 수 없다.

자연과 얼마나 가깝게, 혹은 얼마나 멀게 느끼고 싶은지는 순전히 여러분에게 달려 있다. 오롯이 여러분이 결정할 일이다. 살을 에는 듯이 매서운 추위에도 밖에 나가 있고 싶은지, 설사 손이 더러워진다 할지라도 흙을 파며 신나게 놀고 싶은지…….

자연을 그저 생태계로, 아니면 야생의 세계로, 아름답거나 매혹적인 무언가로, 휴식을 취할 수 있는 장소로, 또는 다른 그 무엇으로, 그도 아니면 그 모든 것을 다 포함하는 것으로 바라 볼 것인지는 바로 여러분이 결정해야 한다.

우리와 자연 사이에는 아무런 경계가 없다. 심지어는 지난 수세기 동안 사람들의 괴롭힘으로부터 멀리 떨어져 있던 비아워비에자 숲 같은 곳에서조차 인간의 이산화 탄소 배출로 인한 지구 온난화의 흔적을 확인할 수 있다. 따라서 우리는 자연에 대해 책임을 져야 한다. 우리는 지구 전체의 생물권을 파괴할 만큼 강력한 힘을 지닌 지구상의 유일한 생명체이기 때문이다.

그렇다면 이 같은 사실은 정확히 무엇을 의미하는가? 여러분에게는? '지금 여기에서' 펼쳐지는 여러분의 삶에는? 그리고 무엇보다도 여러분의 미래를 위해서는 어떤 의미가 있는가?

제10장

미래에 오신 것을 환영합니다

"소수의 사람들이 세상을 바꿀 수 있다는 사실을 결코 의심하지 마세요.
지금껏, 다른 방식으로 세상이 변한 적은 한 번도 없습니다."

마거릿 미드

냄비 안의 개구리

우리 인간은 이야기꾼이다. 그래서 이야기를 하나 준비했다.

옛날 옛적에 개구리 한 마리가 살았습니다. 그 개구리는 물이 담긴 냄비 안에 앉아 있었습니다. 냄비는 아궁이 위에 놓여 있었는데요. 물은 아주 천천히 뜨거워졌습니다. 개구리는 계속해서 이렇게 말했습니다.

"아직까지는 물이 기분 좋을 만큼 따뜻해요. 나는 괜찮아요. 그러니 걱정하지 않아도 돼요."

개구리는 언제든 팔짝 뛰쳐나올 수 있었지만, 그러지 않고 냄비 안에 계속 앉아 있었습니다. 그런데 갑자기 물이 끓기 시작했습니다. 개구리는 뛰쳐나오지 못한 채 죽고 말았습니다.

마냥 안전하다고 느끼다가 결국엔 때를 놓치고 마는 개구리 이야기를 언젠가 들어 본 적이 있을지도 모르겠다. 이 이야기는 갑작스레 최악의 상황으로 돌변하는 순간이 서서히 다가오고 있음에도 불구하고, 다 잘 될 것이라고 믿고 있던 사람들의 상황을 빗대어 종종 입에 오르곤 한다.

우리가 처한 상황에도 똑같이 적용할 수 있다. 21세기 인류는 냄비 안의 개구리처럼 행동하고 있기 때문이다. 지구가 점점 더 더워지고 있고 점점 더 위험해지고 있다는 것을 느끼면서도 그리 나쁘지는 않다고 생각한다. 그렇지 않은가? 창밖을 내다보면 태양이 밝게 빛나고, 하늘은 파랗고, 새들은 지저귄다. 그런데 무엇 때문에 걱정을 한단 말인가?

물론 걱정하는 사람들도 분명 있다. 그들은 무슨 일이 일어나고 있는지 알고 있고, 지금이야말로 무언가 행동을 취할 때라고 생각한다. 그러나 많은 사람들은 이야기 속의 개구리처럼 행동한다. (물론 그들은 절대로 인정하지 않겠지만.)

"정치인들은 마침내 뭔가를 해야만 한다."

"우리가 여기서 무언가를 한다 해도 아무런 의미가 없다. 중국에만 환경을 오염시키는 10억 명의 사람들이 있기 때문이다."

"대기업들은 자신의 이익만 생각해서는 안 된다.

"이 모든 상황이 정말이지 그토록 극적이라면, 누군가는 무언가를 해야겠지."

하지만 여기서 무언가를 해야만 하는 주체는 '다른 누군가'이지 결코 그들 자신은 아니다. 그러면서 경제든, 정치든, 사회든, 시스템이든 다른 누군가가 모쪼록 무언가 조치를 취해야만 한다고 주장한다.

이는 마치 냄비 안의 개구리가 "거기, 누구든 아궁이의 불 좀 꺼 줄 수 있어요?" 하고 소리 지르는 것과 다를 바 없다.

하지만 우리가 계속해서 지금처럼 행동한다면, 21세기의 어느 시점에서는 갑자기 물이 끓기 시작하며 상황이 급격하게 나빠지는 순간이 분명 찾아오게 된다. 물론 그 같은 사실을 애써 부정하거나, 눈을 질끈 감은 채 모른 척할 수도 있다. 하지만 그런다고 해서 그런 일이 일어날 거라는 사실이 변하지는 않는다.

다행히도 우리가 개구리 이야기만 할 수 있는 건 아니다. 우리는 서로에게 그것과 다른 새로운 이야기를 얼마든지 들려줄 수 있다.

세상을 구하라는 게 아니야!

이 새로운 이야기는 무엇이 진짜 중요한지, 우리가 다시 한번 분명하게 인식하는 것에서부터 시작된다. 지금 진짜 중요한 것은 지구상에서 벌어지는 자연 파괴를 줄이고, 언젠가는 완전히 끝내는 것이다.

많은 사람은 그렇게 하는 것이 불가능하다고 생각한다. 물론 여러분은 이 문제에 아무런 책임이 없다. 이 문제를 일으킨 장본인은 여러분보다 먼저 이 지구에 살았고, 지금도 살고 있는 기성세대이기 때문이다.

하지만 지금 정치와 경제 분야에서 발언권을 갖고 있는 세대는 이 문제를 풀기 위해 충분한 노력을 기울이지 않는다. 기성세대의 몇몇 대표자들은 오히려 이 문제를 더욱더 악화시키기 위해 최선을 다하고 있는 것처럼 보이기도 한다. 그래서 이제 몇몇 어른들은 (부모든, 교사든, 또는 책의 저자이든) 여러분에게 이 문제를 해결해 달라고, '이 세계를 구해 달라고' 부탁하는 것이다.

그렇다면 우리 중 누가 세상을 구할 수 있을까? 사실 아무도 그럴 수 없다. 여러분도 마찬가지다. 대체, 정확히 '무엇'을 구해야 한단 말인가? 지구상의 모든 인간? 지구? 미래?

그건 전혀 중요한 문제가 아니다. 세상을 구하려 해서는 안 된다. 우리가 자연과 다시금 화해할 수 있도록 최대한 노력해야 한다. 이것이 바로 문제의 핵심이다.

인류 역사상 마주했던 다른 위기들과는 달리, 21세기에 우리가 직면한 위기는 기존의 수단과 방법으로는 극복할 수 없는 것이다. 우리에게는 새로운 수단과 방법이 있어야 한다. 즉, 새로운 사고방식이 필요하다. 이 위기는 아주 많은 사람이 생활하고 일하는 방식과 매우 밀접한 관계가 있어서, 그들 중 누구도 쉽사리 포기하지 않을 테니까.

문제를 순식간에 해결해 버리는 마법 같은 기술도 존재하지 않는다. 돌이켜보면, 생태계의 문제를 해결하려던 기술적 방법은 거의가 허울뿐인 가짜 해결책으로 판명되었다. 그 방법들은 다시금 기술적 수단을 동원해 해결해야 하는 문제를 새로 만들어 내면서 또 다른 문제를 일으켰다. 원자력은 한때 인류가 안고 있는 에너지 문제를 종식시킬 수 있는 해결책처럼 여겨졌다. 하지만 십만 년 후에는 이 '해결책'이 낳은 산물, 즉 방사성 핵폐기물과 힘겨운 씨름을 벌여야 할 것이다.

'정치'나 '경제' 또한 단지 합리적이라는 이유만으로 어느 날 갑자기 모든 것을 더 좋게 만드는 일을 벌이지는 않는다. 안타깝지만, 그렇게 해서 해결되는 것은 아무것도 없다. 정치와 경제는 사회와 동떨어진 영역이 아니기 때문이다. 어떤 정치·경제 체제에서 살고 있든, 대다수의 사람들이 끝없이 '점점 더'에 바탕을 둔 안전과 번영, 그리고 좋은 삶에 대한 개념을 갖고 있다면 변하기가 쉽지 않을 것이다.

우리가 직면한 위기에 적절히 대처하기 위해서 필요한 변화는 다음과 같이 말하는 사람들이 있을 때만 가능하다.

"나는 아니야! 우리는 이 미친 짓을 더 이상 함께 하지 않을 거야. 우리는 '점점 더'라는 원칙에 더는 우리 행성의 운명을 맡기지 않을 거야. 우리는 미친 짓에 맞설 거야. 물론 좋은 삶을 살고 싶고 행복하기를 원하지만, 그러기 위해서 자연을 희생시키지는 않을 거야."

인류 역사상 중요한 사회적 변화 중 어느 것도 저절로 일어나지는 않았다. 그 모든 변화는 바로 다음과 같이 소리쳤던 사람들이 싸워서 얻어낸 결과였다.

"나는 아니야! 우리는 이 미친 짓을 더 이상 함께 하지 않을 거야. 우리는 그에 맞설 거고, 그에 대항하여 무언가를 할 거야."

이백 년 전에 미국 남부에서는 유색 인종을 노예로 부리며 자신들을 위해 일하게 하는 것이 지극히 일반적인 일이었다. 하지만 요즘 그런 행동을 하면 인간성에 반하는 추악한 범죄로 간주된다. 그러나 노예 제도가 폐지되기까지는 수십 년이라는 시간과 수많은 생명의 희생이 따랐다. 1861년부터 1865년 사이, 미국에서는 이 문제를 놓고 남부와 북부 사이에 참혹한 내전(남북 전쟁)이 벌어졌다. 그 결과, 노예 제도가 폐지되었다. 하지만 인종 차별주의는 여전히 세상에서 사라지지 않았다. 유색 인종은 지금도 많은 나라에서 자신의 정당한 권리를 지키기 위해 힘겹게 싸워야만 한다.

이제는 전 세계 많은 나라에서 여성이 남성과 동등한 권리를 갖는 걸

너무도 당연한 사실로 인정한다. 하지만 이 또한 어느 날 하늘에서 뚝 떨어진 것이 아니다. 백 년 전만 해도 많은 나라에서 여성은 투표를 할 수 없었고, 경제적으로나 사회적으로나 남편에게 종속되어 있었다. 그러나 용기 있는 여성들이 거리로 나와 자신들의 권리를 요구했고, 그제야 비로소 조금씩이나마 변화가 시작되었다. 이러한 변화는 여러 세대에 걸쳐 아주 서서히 일어났다. 하지만 이 싸움 또한 아직도 끝나지 않았다.

인간이 지구상에 존재한 이래, 늘 삶은 그런 식으로 전개되고 있다. 하지만 이전 세대가 구축한 인터넷이 후속 세대에게 엄청난 가능성을 열어 주게 된 경우처럼, 후속 세대는 이전 세대가 달성한 긍정적인 일만 물려받는 것이 아니다. 이전 세대의 잘못된 판단과 그로 인한 결과까지도 물려받는다.

아쉽게도, 칠십 년 전의 과거로 시간 여행을 가서 원자력 실험을 중단시킬 수 있는 타임머신은 없다. 그래서 우리는 핵폐기물과 함께 살아야만 한다. 18세기 초로 돌아가서 화석 연료의 대대적인 채굴과 연소는 그렇게 좋은 생각이 아닐 수도 있다고 토마스 뉴커먼에게 알려 줄 수 없다. 그래서 현재와 미래 세대는 대기 중의 이산화 탄소를 적절히 처리해야만 한다. 유감스럽게도, 플라스틱이 발명된 1907년으로 돌아가 발명가들에게 다시 한번 생각해 보라고 말해 줄 수도 없다. 그래서 우리는 플라스틱 쓰레기 또한 안고 살아야만 한다.

무엇보다도 21세기 세대인 여러분은 이전 세대의 잘못된 판단과 마법의 기계가 내건 약속을 믿게 된다. 그리고 현실에 근거하지 않은 복지와 행복의 아이디어를 위해 지구를 마구 착취한다. 어쨌거나 여러분은 이 마법의 기계에 제동을 걸고 새로운 방향으로 조종하여, 복지와 행복에 대한 아이디어를 내놓아야 할 임무를 떠맡는다.

이 임무는 결코 쉬운 일이 아니다. 일단 세상을 발견하고 즐겁게 지내고 싶지, 당장 그 어떤 문제와 씨름하고 싶어 하지 않는 청소년들에게는 더더욱 그러하다. 주변의 많은 사람들이 '환경과 관련된 것'에 특별히 관심이 없을 때나, 또는 이 일이 전 세계와 지구 또는 미래를 구해야 한다는 거창한 의미로 다가올 때도 마찬가지다.

다행히도 "나는 아니야!"라고 말하고 싶지만, 자신들이 정말로 해낼 수 있을지, 그리고 자연을 위해 싸우는 게 어떤 의미가 있는 것인지 의구심을 가지는 사람들이 반가워할 만한 두 가지 기쁜 소식이 있다.

첫 번째 기쁜 소식은, 자연과 화해하는 작업이 언뜻 거창해 보이기는 하지만 이를 위해 저마다 뭔가를 할 수 있다는 사실이다. 일단 이산화 탄소 배출, 플라스틱 폐기물 생성, 동식물의 서식지 박탈과는 거리가 먼 삶을 살 수 있다. 그렇게 살기 위해서 굳이 지금 누리는 삶의 일부를 포기할 필요도 없다.

단지 고기와 동물성 제품을 먹지 않거나 소비량을 줄인다. 가까운 지역에서 유기농으로 재배한 채소와 과일 등을 작은 상점과 시장에서 구입한다. 발코니나 정원 한편에 꽃을 심거나, 꿀벌이나 새와 같은 동물을 위한 '야생' 코너를 만든다. 이동할 때 가능하면 걷거나, 자전거 또는 기차를 이용한다. 에너지를 최대한 절약하고, 정말로 필요한 것이나 중요한 것만 산다. 고장 난 물건은 버리기 전에 먼저 수리하고, 더 이상 필요하지 않은 것은 다른 물건과 맞바꾼다. 그리고, 그리고, 그리고…….

이 중에 초인적인 힘이나 노력이 필요할 만큼 어려운 일은 없다. 물론 그러기 위해서는 자신의 일상을 이전과는 조금 다르게 정리해야 하고, 다른 가게를 찾거나 다른 조리법에 따라 요리를 해야 한다.

그러나 이 가운데 어느 것도 삶을 덜 즐겁게 만들지 않는다. 오히려 그 반대이다. 어느 정도 시간이 지나 적응하게 되면, 더 건강한 음식 섭취를 통해 편안함을 느끼고, 세상에 대해 더 많은 것을 인지하며, 무엇보다도 세상에서 진짜 아름다운 것이 무엇인지 더 많이 깨닫게 된다. 그리고 자신이 다른 사람들의 모범이 되어 있다는 사실을 알게 된다. 나이가 많든 적든 다른 사람들이 자신을 보며 무언가를 배운다는 것은 정말이지 기분 좋은 느낌이다.

이것만으로는 충분하지 않다고 생각하고, 더 많은 좋은 영향을 끼치고자 하는 사람들을 위한 두 번째 기쁜 소식이 있다. 이 또한 우리 모두가 충분히 실천할 수 있는 일이다.

자연과 제대로 화해하기

사람들은 정원을 가꾸고, 반려동물을 사랑하며, 야외로 소풍을 간다. 그래서 누군가가 그들에게 자연의 가치를 알아보지 못한다고 말한다면, 자신에게 자연이 대단히 중요할 뿐 아니라 멋지게 여긴다고 당당히 말한다.

그러나 우리 사회가 지구에 대해 하는 일을 주의 깊게 들여다보면 그와는 전혀 다른 그림이 그려진다. 바다와 대기는 마치 쓰레기장인 양 취급받는다. 멸종되고 있는 동물들은 대중매체가 내보내는 뉴스의 화젯거리조차 되지 못한 채 죽어 가고 있다.(잘 알려지거나 인기 있는 종이 멸종하는 경우는 예외다.) 이는 바다나 대기나 야생의 동물 같은 것들은 아무런 가치가 없으며, 설사 어느 정도 가치를 지닌다고 할지라도 사람들이 다른 사물에 부여하는 것과는 비교할 수 없다고 생각하기 때문이다. 이것이 바로 큰 문제이다.

사람들이 가치에 대해 말할 때면, 일반적으로 금전적인 가치, 가격, 일정 금액을 의미한다. 지금은 대기를 오염시키거나 바다에 쓰레기를 버려도 아무것도 지불하지 않는다. 만일 대기와 바다를 오염시키는 대가로 비용을 지불해야 한다면 어떻게 될까? 아마도 많은 사람들, 특히 많은 기업과 각국의 정부는 그 일을 계속할 것인지에 대해 고민하기 시작할 것이다.

이 아이디어는 수년 동안 논의되어 왔으며, 유럽에서는 이미 적용되고 있다. 예를 들어, 이산화 탄소를 대기 중으로 배출하려는 회사는 먼저 '사용권'을 구매해야 한다. 이 아이디어의 기본 원칙에 따르면 사용권은 점차 더 비싸질 것이고, 어느 시점에 이르면 회사 내에서 이런 말이 나올지도 모른다.

"대기를 이산화 탄소로 채우는 것은 더 이상 경제적으로 이득이 없습니다. 따라서 다른 생산 방식으로 전환할 것입니다."

듣기만 해도 멋진 말이다. 하지만 안타깝게도 사용권이라는 아이디어는 아직 이 같은 기능을 발휘하고 있지 못하다. 사용권 가격이 너무 저렴하기 때문이다. 뿐만 아니라, 사용권 도입이라는 원리 자체도 정상적인 것은 아니다. 우리가 자연에 금전적인 가치를 부여한다면, 결국 자연을 다시 마법의 기계에게 먹잇감으로 넘겨주는 것과 다를 바 없기 때문이다. 어느 정도의 비용을 치른 뒤에 자연을 계속 파괴할 테니까. 자연의 금전적 가치는 애당초 수치로 계산할 수 없기 때문에 지금보다 더 많이 파괴될지도 모른다.

예를 들어, 깊은 바다에서 광물 자원을 캐내는 과정에서 벌레와 해삼이 속해 있는 생태계가 파괴된다 해도, 사람들은 이제 이들 벌레와 해삼에게는 아무런 경제적인 가치가 없다고 주장할 수 있다. 천연자원을 캐내는 데 벌레와 해삼은 아무런 역할도 하지 않기 때문에 그런 주장이 아주 잘못되었다고 우기기도 어렵다.

단지 우리에게 경제적 효용이 있는 자연의 일부에만 금전적 가치를 부여한다면, 지구를 단지 인간만을 위해 존재하는 세계로 바꾸고 생물권을 완전히 인간화하게 될 것이다. 우리에게 아무런 쓸모가 없는 것들은 그것이 무엇이든 생물권에서 아예 사라질 수밖에 없다.

그것 또한 일종의 논리를 가지고 있을지도 모른다. 우리가 이미 살펴본 것처럼, 세상에 있는 모든 것을 인간의 필터를 통해 보는 것은 호모 사피엔스의 특성이다. 그러나 이 특성이 지구상의 생명의 연결망을 찢어 버리는 결과를 초래할 수도 있다.

벌레나 해삼 또는 다른 생명체가 그 네트워크에서 어떤 역할을 하는지 알지 못하듯, 우리는 이 연결망에 대해 충분히 이해하고 있지 못하기 때문이다. 우리는 지구상에 존재하는 종조차 제대로 알지 못한다. 그래서 우리가 실제로 무엇을 파괴하는지도 정확히 모른다.

그 밖에도, 자연이 하는 일을 우리가 대체 어떻게 경제적으로 평가할 수 있다는 말인가? 창 밖에서 지저귀는 새의 값은 얼마일까? 고양이가 그르렁거리는 소리의 가치는 얼마일까? 동틀 녘 희미하게 밝아 오는 새벽빛의 광경은 얼마일까? 라일락꽃의 향기는? 이들 모두는 값을 매길 수가 없다. 이 모든 것의 가치는 돈으로 환산할 수 있는 것이 아니기 때문이다.

따라서 마법의 기계에 제동을 걸고 다른 방향으로 나아가게 만들기 위해서는 다른 종류의 가치에 대해 논의해야 한다. 경제적이거나 금전적인 가치가 아니라 가치 '자체'에 관해서 생각해 봐야 한다. 자연은 수백만 년 동안 스스로 존재해 왔으며, 앞으로도 그럴 것이라는 사실에 근거한 하나의 가치에 관해서 말이다.

우리는 자연의 일부일 뿐이다. 바로 그 점이 중요한 핵심이다. 정치, 경제, 사회, 또는 우리 각자의 일상생활 등 사람들이 하는 모든 일에서 우리는 자연이라는 더 큰 전체의 일부일 뿐이라는 사실이 분명해져야 한다.

우리가 악의를 가지고 일부러 지구에 세 차례의 타격을 준 것은 아니다. 단지 자연을 자기들 마음대로 이용하거나 처분할 수 있는 대상이라 여겼기 때문에 그리한 것이다. 우리에게 자연을 '환경', 즉 중심이 되는 세계 밖에 있는 세계라고 여긴 탓이다.

그런 생각은 인류 역사상 가장 큰 사고의 오류 중 하나이다. 세계 밖에는 그 어떤 세계도 존재하지 않는다. 이러한 사고의 오류는 자연을 '그 자체로 가치 있는 것'으로 인식할 때 비로소 바로잡을 수 있다. 이것이 바로 문제 해결의 핵심이다.

이제는 다 같이 나서야 할 때

이제 우리가 시작하자. 여러분은 인류 역사의 흐름을 바꾸고 있다. 정말이다. 여러분이 세계 어디에 있든, 얼마나 많든, 자연에게 '그 자체의 가치'를 부여한다는 이 하나의 생각만 잃지 않는다면 자연과 화해하는 데 성공할 수 있다.

거리로 나가, 바다와 대기가 더 이상 쓰레기 처리장이 아니라 보호할 가치가 있는 생태계로 대접받아야 한다는 사실을 널리 알리자. 다른 방식의 농업을 위해, 그리고 멸종 위기에 처한 동식물 종의 보존을 위해 캠페인을 벌이자. 들판에다 지금처럼 많은 비료와 농약을 뿌릴 필요는 없다. 다른 방법으로도 얼마든지 가능하다.

그리고 꼭 필요한 만큼의 플라스틱이 소량으로 생산될 수 있도록 노력하자. 지금처럼 많은 플라스틱이 모두 다 필요한 것은 아니다. 플라스틱 대신 사용할 수 있는 더 좋은 재료도 아주 많다. 태양 에너지를 사용하는 다른 형태의 에너지 공급 방식을 적극 지지하자. 태양 에너지는 말 그대로 원하는 만큼 무한하게 이용할 수 있으니까.

여러분이 살고 있는 나라의 정부나 시장, 또는 인근 지역의 회사에 편지를 써서, 건설 작업으로 파괴되고 있는 동물의 서식지를 대체할 수 있는 곳을 만들어 달라고 요청하자. 무의미한 건설 공사를 하지 못하도록 저지하자. 불필요한 도로, 불필요한 주차장, 불필요한 건물은 땅을 완전히 뒤덮어 못쓰게 만들고 생활 환경을 파괴한다.

우리 주변에는 불필요한 거리, 주차장, 건물이 너무 많이 있다. 그러니 몇 년 또는 수십 년 전에 봉인된 지역이 다시 열려 햇빛을 볼 수 있도록 노력하자. 그곳에 비옥한 땅이 다시 돌아오면 식물이 꽃을 피우고 동물이 자유로이 뛰어다니며 살 수 있다.

한 지역에 다시금 생명이 나타나면, 그 생명은 또 다른 생명의 탄생으로 이어진다. 그러면 생태계가 다시 살아난다. 나무들이 있던 곳에서는 나무가 다시 자랄 수 있다. 늪이 원래 있던 곳에서 늪이 다시 생겨날 수 있다. 강물이 자유롭게 흘러가던 곳에서는 다시금 강물이 자유롭게 흐를 수 있다.

가능한 한 많은 보호 지역이 생겨나도록 적극 지원하자. 동식물이 예전에 정착해 살았던 곳으로 돌아와 자리 잡고, 그리하여 자연이 스스로를 조절할 기회를 가질 수 있게끔 도와주자. '아무 짓'도 하지 않고 그냥 내버려 두는 것이야말로 진정한 자연 보호라는 점을 사람들에게 분명하게 알려 주자.

예를 들어, 루마니아의 카르파티아산맥에서는 2014년부터 들소를 야생에 풀어 키운다. 들소들은 주변 풍경을 멋지게 바꿔 놓고, 숲에 빈터와 통로를 만들어 더 많은 동물과 식물이 정착할 수 있도록 도와주고 있다. 세계 곳곳에서 농촌 지역의 인구가 감소하고 있기 때문에 이와 같은 일은 생각보다 훨씬 더 많은 지역에서 실현 가능하다.

물론 사람들이 살고 있는 지역이라고 해서 자연이 번성할 수 없다는 의미는 아니다. 단지 사람들이 그렇게 하는 것이 얼마나 중요한지 먼저 깨달아야 한다는 거다. 미국이나 다른 국가의 보호 지역이나 국립 공원은 지정할 당시만 해도 그 필요성을 두고 논란의 여지가 많았다. 하지만 지금은 이들 국가에서 없어서는 절대로 안 될 곳이 되었고, 그곳 사람들 또한 자랑스럽게 여기며 살아간다.

자연의 가치가 조례, 법률, 심지어는 헌법에 포함되도록 노력하자. 에콰도르 헌법은 2008년부터 자연에게도 '생명과 존중의 권리'가 있다는 점을 명시하고 있으며, 2011년의 법원 판결은 강에게 원하는 대로 흐를 수 있는 권리를 인정해 주었다.

독일 헌법에 따르면, 국가는 '자연적인 생명의 토대와 동물 또한 미래 세대를 위한 책임감에서 보호한다'. 그러나 이 문구가 구체적으로 무엇을 의미하는지는 아무도 모른다. '자연적인 생명의 토대'는 무슨 의미인가? '보호한다'는 또 무슨 뜻인가? 무엇보다도 '또한'이라는 단어를 어떻게 해석할 것인가? 이 같은 문구의 구체화나 해석에 대한 책임은 법원에 있다. 그러니 책의 앞부분에서 소개했던 미국의 청소년들처럼 법원으로 가서 여러분의 권리를 주장하자.

미국과 유럽에서 제기되는 이러한 법률 소송 중 많은 부분이 실패로 끝난다 할지라도, 이는 훗날 제기될 새로운 소송을 위해서는 매우 중요한 법적 절차이다. 그렇다고 제기된 소송들이 모두 패소하는 것은 아니다.

얼마 전, 네덜란드의 최고 법원은 정부를 상대로 온실가스 배출량을 대폭 줄이라고 명령하는 판결을 내렸다. 판결문의 논리적 근거에 따르면, 지구의 온난화가 '네덜란드를 포함한 전 세계 사람들의 생명과 안녕 및 생활 환경'을 위태롭게 만들기 때문이다. 이는 세계적으로 상당히 신선한 반응을 불러일으켰던 판결이다.

멸종 위기에 처한 야생 동물, 혹사당하고 고통받는 가축, 동물들을 위해 투쟁하자. 오랫동안 법으로 규정되어 왔던 것처럼 동물이 더 이상 사물로 간주되지 않고, 엄연히 살아 있는 존재로 인정받도록 최선을 다하자.

어른들에게 계속 이야기해서 여러분이 하는 말에 귀를 기울이도록 만들자. 설사 어른들이 여러분의 말을 듣지 않는다 할지라도 절대 포기하지 말자. 여러분의 학교, 마을, 도시, 국가에서 하는 일에 적극 참여하자. 그리고 그 누구도 "너희가 지금 하고 있는 일은 분명 좋은 일이지만, 정말로 중요한 것은 다른 곳에서 결정된단다."라고 말하지 못하게 하자.

그래서는 안 된다. 사회 한가운데로 들어가자. 돈의 분배가 결정되는 곳, 법이 만들어지는 곳, 권력이 행사되는 곳으로 찾아가자. 이 모든 곳에서 자연의 가치에 대해 이야기하는 것이야말로 진정 중요한 일이다.

그리고 장차 어떤 일을 해 보고 싶은지 생각할 때면, 사회 내의 어느

분야가 됐든 자연의 가치를 강화하는 역할을 할 수 있음을 기억하자. 생태학자나 환경 계획가뿐만 아니라 변호사, 경영인, 건축가, 요리사, 농부, 정치인, 공무원, 성직자, 의사, 예술가, 또는 전기 기술자도 자연의 가치를 일깨우고 널리 알릴 수 있다.

어떤 프로젝트를 시작하든 어떤 정치적 토론에 참여하든, 훗날 어떤 일을 하려 하든 자연에 하나의 가치를 부여한다는 목표를 위해 노력하자. 자연은 '그 자체로' 하나의 가치이고, 사회가 중요하게 생각하는 다른 가치, 즉 경제적 번영, 사회적 결속 또는 미국 헌법에 명시된 바와 같은 '모든 개개인의 행복'과 마찬가지로 가치가 있음을 적극 지지하고 옹호하자.

언젠가는 그렇게 생각하는 것이 정상적인 것이 되도록 힘을 내서 싸우자. 오늘날 노예 제도나 여성에 대한 억압을 '정상이 아니라고' 여기는 것처럼 말이다. 훗날의 세대가 "예전 사람들은 어떻게 그런 일을 했을까? 그들은 자연을 어떻게 그런 식으로 대했을까?" 하고 묻지 않도록 최선의 노력을 기울이자.

어쩌면 이 모든 일이 매우 거창한 과제인 것처럼 느껴질지도 모르겠다. 그러나 그냥 그렇게 보일 뿐, 실제로는 그리 대단한 일이 아니다. 자연을 파괴하는 구조와 과정은 산업 시설이든 법률이든 돈의 흐름이든 모두 과거의 어느 시점에서 인간이 만든 것이다. 그것도 모든 사람이나 '인류'에 의해서가 아니라, 이러한 구조와 관련해 경제적이거나 정치적인 이해관계를 가진 사람들이 만들어 낸 거라고 할까.

예를 들어 볼까? 아주 많은 사람들이 자동차를 소유하고 운전하는 것은 인간의 본성 때문이 아니다. 도시 설계자들이 도시를 대중교통이 아니라 자동차를 타고 다니기에 적합하도록 만들게 하기 위해 20세기의 자동차 산업이 엄청난 노력을 기울였기 때문이다. (대부분의 도시가 자동차로 말미암은 교통난으로 거의 질식 상태 직전에 이르고 있다.)

따라서 이런 구조와 과정은 우리 인간에 의해 다시 변경되거나 폐지될 수도 있다. 인간이 고안해 낸 생활 방식과 경제 방식에는 시작이 있듯 언젠가는 끝도 있게 마련이니까. 이는 '점점 더'라는 원칙에도 마찬가지로 적용된다.

물론 이렇게 말한다고 해서 허구와 현실을 구별하지 못할 만큼 어리숙하거나 순진하지만은 않다. 이러한 과제가 마냥 쉬운 일이었다면 이미 오래전에 완료되었을 거다. 이러한 주제는 이미 지난 수십 년 동안 끊임없이 논의되어 왔다. 우리는 '점점 더'라는 원칙이 초래할 끔찍한 파국적 결과에 대해 계속 이야기해 온 것이다.

그렇다! 이 과제를 완수한다는 것은 진정 힘든 싸움이 될 수 있다. 분명히 거센 저항에 부딪힐 것이다. 여러분을 '생태 망상가' 또는 '급진주의자', '극단론자'라고 부르는 사람들을 만날지도 모른다. 어떤 단어는 종종 사회적 논의를 거치는 과정에서 완전히 잘못된 의미로 쓰이기도 한다. '급진적'이거나 '극단적'이라는 단어가 대표적이다. 누군가가 그 사회에 익숙한 것보다 조금 더 많은 것을 요구할 때면, 사람들은 그게 식량이든 이동성이든 동물을 대하는 태도든 관계없이 급진적이거나 극단적이라고 부르곤 한다.

그렇다면 대체 누가 또는 무엇이 더 급진적인 것일까? 매일 아침 눈을 뜨는 순간부터 하루 종일 대기를 가열하고, 지구에 살던 동식물들이 차츰차츰 사라지고, 점점 더 많은 쓰레기가 쌓이도록 만드는 데 몰두하는 것보다 더 급진적이고 극단적인 것이 있을까?

여러분이 사람보다 곤충을 비롯해 다른 동물들을 더 편들고 위한다며 비난하는 사람도 있을 것이다. 이는 자연 보호 운동가들을 대상으로 하는 가장 어리석은 비난 중 하나이다. 자연을 옹호하고 지지하는 사람들은 궁극적으로는 사람들을 위해, 즉 언제나 인간의 삶과 미래를 위해 일하고 있기 때문이다. 그러나 많은 사람들은 그 같은 사실을 이해하지 못한다. 여러분이 그 같은 사실을 분명히 이해하도록 도와줘야 한다.

또한, 정치인이나 다른 어른들이 여러분이 하려는 일을 진지하게 받아들이지 않거나 하지 못하게 방해할 수도 있다. 어쩌면 이렇게 말할 수도 있다.

"여러분이 실제로 원하는 게 무엇인가요? 우리는 자연을 위해 이미 아주 많은 일을 하고 있다고요."

이 말이 새빨간 거짓말이라는 사실은 금방 알아차릴 수 있다. 사람들은 자연 보호란 말을 입에 달고 살지만, 자연은 아직도 적절하게 보호받지 못하고 있다. 사람들이 말하는 것과 실제로 일어나는 것 사이에는 종종 커다란 괴리가 있다. 수많은 사람들이 자연 파괴로 오히려 많은 돈을 벌고 있다.

지금 당장 '모든' 사람을 설득하려고 애쓸 필요는 없다. 인류 역사에서 위대한 변화는 언제나 소수의 사람들, 심지어는 어느 한 사람에게서 시작되었으니까.

1962년에 미국의 동물학자인 레이첼 카슨은 《침묵의 봄(The Silent Spring)》이라는 책을 썼다. 그는 이 책에서 농사를 지으며 농약을 남용하면 새가 점점 더 적어진다는 사실을 처음으로 지적했다. 이 책은 당시 격렬한 논쟁을 불러일으켰고, 결국에는 특정 독소의 사용을 전 세계적으로 금지시키는 결과를 이끌어 냈다.

1979년, 인도의 자다브 파엥은 모래 언덕에 날마다 나무 한 그루를 심기 시작했다. 브라마푸트라강에 있는 마주리섬의 모래 언덕 위, 그늘 하

나 없는 그곳에서 따가운 태양 빛을 받아 뱀들이 무더기로 죽어 있는 모습을 보고 충격을 받았기 때문이다. 그때 그의 나이 열여섯 살이었다. 그리고 사십 년이 지난 지금, 그곳에는 550헥타르에 달하는 몰라이 숲이 형성되었다. 그 숲에는 이제 뱀뿐만 아니라 코끼리, 코뿔소, 사슴 등 다양한 생물들이 서식하고 있다.

2011년, 열여섯 살의 네덜란드 소년 보이얀 슬랏은 지중해에서 휴가를 보내고 있었다. 평소처럼 바다 속에서 스쿠버 다이빙을 즐기다가 물고기보다 더 많은 플라스틱 쓰레기가 떠다니는 것을 보게 되었고, 바다에서 이 플라스틱을 모두 제거할 수 있는 방법에 대해 고민하기 시작했다. 얼마 후, 그는 '바다의 정화'라는 의미를 담아 '오션 클린업(Ocean CleanUp)'이라는 이름의 비영리 단체를 설립했다. 그리고 온갖 기술적인 어려움에도 불구하고 이 문제에 대한 해결책을 찾기 위해 지금도 여전히 전 세계의 바다를 돌아다니고 있다.

2018년, 열다섯 살의 스웨덴 소녀 그레타 툰베리는 매주 금요일 '기후를 위한 결석 시위'라고 적힌 손팻말을 들고 학교 앞에 앉아 수업 참석을 거부했다. 그리고 일 년 후, 수십만 명에 이르는 전 세계 학생들이 툰베리와 똑같은 일을 하고 있다. 이제껏 자연을 위해 벌였던 저항 운동 중 가장 큰 규모의 시위다.

이와 같은 사례는 규모가 크든 작든, 잘 알려진 것이든 알려지지 않은 것이든 수없이 많다. 이 사례들은 목표를 잃지 않고 끈기 있게 노력하는 것이 진정 가치 있는 일이라는 사실을 분명하게 보여 준다.

누군가를 기쁘게 하거나 누군가의 마음에 들기 위해 이 일을 하자는 것이 아니다. 이 일에는 지구상의 생명, 그 생명의 미래, 그리고 여러분의 미래 등 '모든 것'이 걸려 있다.

지금의 어른들은 21세기 말이 되면 아마도 더 이상 살아 있지 못할 것이다. 그들이 자신의 자녀와 손주의 미래에 대해 끊임없이 생각한다고 주장한다면, 정말로 그렇게 생각하는지 한번 물어보자. 또는 그것이 단지 공허한 말뿐인 것은 아닌지, 사실은 자기 자신과 자신의 세대만을 생각하는 것은 아닌지 물어보자. 그들이 정말로 진지하게 생각하고 있는 게 맞다면, 그들 자신조차 인식하지 못한 결과를 초래할 수도 있으니까.

미래는 여러분의 세계가 될 것이다. 어쩌면 파괴된 세계일 수도 있다. 아니면 하나의 새로운 세계, 바로 신세계일 수도 있다.

미래의 주인은 바로 여러분!

이 책의 시작 부분에서 인류의 역사는 끊임없는 변화의 역사라고 이야기했다. 그리고 그중에서 진정 중요한 변화는 무엇인지 물었다.

이제는 그 질문에 답을 해야 할 때다. 진정으로 중요하고 의미 있는 변화는 사람들이 자기 자신에 대해 새로운 이야기를 하기 시작할 때 비로소 일어난다. 무엇이 옳고 무엇이 그른지, 무엇이 선하고 무엇이 악한지, 무엇이 정상이고 무엇이 급진적인지에 대해서, 그리고 인간이라는 것과 '인간답게' 생각하고 행동한다는 것이 본래 의미하는 바에 대해 이야기하기 시작할 때 말이다.

진정으로 중요하고 의미 있는 변화를 가능하게 했던 것은 결코 새로운 지식이 아니었다. 노예 제도가 성행하던 당시, 미국인들은 노예 제도가 인간성에 반하는 범죄 행위라는 사실을 잘 알고 있었다. 남부 주의 백인들도 마찬가지였다. 하지만 노예를 부리는 자들은 노예 없는 삶을 도무지 상상할 수 없었다. 다른 가능성이나 대안에 대해 전혀 알지 못했던 것이다.

그들은 똑같은 이야기를 수도 없이 서로에게 들려주었고, 그 이야기를 세대에서 세대로 전달했다. 하지만 언제부턴가 그 같은 상황은 더 이상 지속되지 않았다. 많은 사람들이 그 이야기에 맞서 싸움을 벌였으며, 수많은 희생을 거쳐 마침내 승리를 거두었다.

사람들은 이제 서로를 어떻게 대해야 하는지에 관해 새로운 이야기를 하기 시작했다. 우리는 지금 자연의 파괴에 대해 많은 것을 알고 있다. 인간이 지구라는 행성을 엉망진창으로 만들고 있으며, 그러한 파괴 행위를 막기 위해 어떻게 해야 하는지도 알고 있다.

우리는 극도로 더운 여름, 폭우, 태풍, 그리고 눈이 내리지 않는 겨울을 경험한다. 비록 멸종되어 가는 종을 모두 알지는 못하지만, 동물들이 사라져 가고 있음을 분명히 알아채고 있다. 텔레비전을 통해 세계 곳곳에서 산불이 나 거대한 산림이 불타는 것을 본다. 논밭이 거북 등처럼 쩍쩍 갈라지고, 강과 호수의 물이 말라 바닥을 드러내고, 산사태에 집이 휩쓸려 나가고, 홍수가 나서 사람들이 물에 빠져 죽고, 가뭄을 견디다 못해 피난 가는 모습을 본다.

이 모든 것들을 지켜보며 우리에게 그 책임이 있다는 것을 느낀다. 지금이라도 그에 맞서 무엇이든 해야 한다는 사실을 알고 있다. 그러나 그 같은 일은 쉽사리 일어나지 않는다. 사람들에게 자연은 너무나 멀고 낯선 존재이기 때문이다. 그래서일까? 얼마 지나지 않아 이 세상 어디에서든 사는 게 너무너무 힘들어질 수 있다는 사실을 깨닫지 못한다. 마치 냄비 속에 앉아 있던 개구리가 자신의 죽음을 눈치채지 못했듯이 말이다.

사람들은 집 안에 앉아 창밖을 내다보면서 이렇게 말한다.

"모든 게 아무 문제 없어 보이는군."

그러고는 지금껏 해 왔던 대로 계속해서 그들의 삶을 살아간다. 그렇다면 그들은 왜 그렇게 생각하는 걸까?

그들은 '점점 더' 없이 어떻게 살아야 할지 도무지 상상할 수 없기 때문이다. 현재의 '지금 여기'에서 완전히 다른 모습의 새로운 미래 세계로 어떻게 들어갈 수 있을지 상상할 수 없는 것이다. 꼭 필요해서이기도 하지만 그렇게 하는 것이 당연하고 더 좋은 일이기에 '점점 더'를 포기하고 신세계로 들어서야 하는데도 말이다.

사람들은 자기 자신과 미래에 관해 새로운 이야기를 시작할 때라야 비로소 그 같은 신세계를 상상할 수 있다. 그런 신세계에서 사람들이 할 수 있는 놀라운 일에 대한 이야기, 그런 신세계에서 지구라는 행성에 대해 새로이 알게 된 이야기, 그런 신세계에서 우리 인간과 함께 사는 동료 생명체들에 대해 배워 가는 이야기…….

그런 신세계에서 인간으로 산다는 것은 진정 신나고 재미있는 일일 것이다. 그 이야기가 바로 여러분의 이야기가 될 것임을 우리는 확신한다.

더 읽고, 더 살펴보고, 더 생각하기

세상에는 지식의 전달과 계몽, 또는 정치 캠페인을 통해 자연 보호에 기여하는 책과 영화가 많이 있다. 다음의 추천 목록은 순전히 이 책의 저자인 우리 두 사람의 주관적인 선택이라는 점을 미리 밝힌다. 아울러 이 목록은 인간과 자연, 지구의 미래에 대해 더 많은 것을 알고 싶어 하는 사람을 위해, 그리고 더 나은 미래를 만들기 위해 최선을 다하고자 하는 사람들을 위해 우리 두 사람이 제공하는 개인적 조언이다.

신세계를 위한 책

《그럼, 동물이 되어 보자》 : 찰스 포스터 지음, 눌와, 2019

동물은 어떻게 살아갈까? 어떻게 느낄까? 세상을 어떻게 인식할까? 수의사이자 자연 과학자인 찰스 포스터는 스스로 동물의 처지가 되어 잠시 동안이나마 오소리, 수달, 칼새처럼 생활하면서 그런 질문들에 대한 답을 알아내려 한다. 정말 매혹적인 실험이다.

《별빛부터 이슬까지》 : 옌스 죈트겐 지음, RHK, 2012

과학자이자 저널리스트인 작가는 “자세히 들여다보는 법, 듣는 법, 느끼는 법, 맛보는 법, 냄새 맡는 법을 배울수록 우리의 인식은 점점 더 깊어진다.”라고 말하며, 대우주에서 소우주, 돌에서 동물과 식물을 거쳐 인간에 이르기까지의 자연을 관통하는 탐구 여행으로 독자를 안내한다. 우리가 우리 주변의 모든 것과 실제로 얼마나 밀접하게 연결되어 있는지를 보여 주는 책이다.

《여우 8 》 : 조지 손더스 지음, 문학동네, 2021

인간처럼 생각하고 말하는 동물은 우화와 영화에서 많이 등장한다. 여우 8과 그의 친구들의 감동적인 이야기를 담고 있다. 작가는 동물을 인간화하지 않고 그들에게 존엄성을 돌려주는 가운데, 인간에게 숲을 빼앗기고 친구들마저 잃어버린 여우의 목소리를 빌려 인간의 환경 파괴와 지나친 소비주의에 대해 경고한다.

《저항 안내서 : 스스로 생각하라》 : 하랄트 벨처 지음, 오롯, 2015

저명한 독일의 사회 심리학자는 과거에는 미래가 약속이었던 이유와, 그것이 다시 약속이 될 수 있는 방법을 보여 준다. 그리고 항상 모든 것을 받아들일 필요는 없는 이유와 바람직하지 않은 발전에 맞서 싸워서 사회를 형성하는 데 도움을 주는 것이 진정 가치 있는 일임을 알려 준다.

《화씨 451》 : 레이 브래드버리 지음, 황금가지, 2009

세계 문학의 고전에 속하는 이 책에서는 자연이 아니라, 사회가 작동하는 방식에 항상 의문을 제기해야 한다는 얘기를 다루고 있다. 그와 더불어 자연에 관한 주제로 독자들을 안내한다. 우리 생각에 《화씨 451》은 죽기 전에 꼭 한 번 읽어야 하는 몇 안 되는 책 중 한 권이다.

신세계를 위한 영화

〈고래 타는 사람(Whale rider)〉: 니키 카로 감독, 2002

고래 한 마리가 뉴질랜드 해안에 떠밀려오자, 열두 살의 소녀 카후는 고래를 구하기 위해 마을 사람들의 전통을 거부하고 나선다. 그리고 소녀들도 고래를 탈 수 있음을 증명한다. 아름다운 영상과 감동적인 이야기를 통해 자연에 대한 완전히 다른 시선과 이해를 보여 준다.

〈내일(Tomorrow)〉: 시릴 디옹 & 멜라니 로랑 감독, 2015

두 명의 프랑스 다큐멘터리 영화 제작자는 전 세계의 생태계 붕괴를 방지하는 데 도움이 될 혁신적인 아이디어와 프로젝트를 찾아 나선다. 온갖 어려움에도 불구하고 목표를 포기하지 않는 인상적인 사람들을 만나, 우리 시대의 가장 시급한 질문에 대한 답을 구한다.

〈멸종 경쟁(Racing extinction)〉: 루이 시호요스 감독, 2015

오스카상을 수상한 다큐멘터리 영화 제작자는 (부분적으로) 숨어서 몰래 촬영한 영상을 통해 인간의 활동이 종의 다양성에 끼치는 치명적인 결과를 보여 준다. 멸종 위기에 처한 동물과 이제 더 이상 존재하지 않는 동물에 관한 이 영화는 또한 우리 각자가 할 수 있는 일에 대해서도 이야기한다.

〈시스템 에러(System error)〉: 플로리안 오피츠 감독, 2018

우리의 경제 시스템과 자연 파괴 사이에는 어떤 관련이 있을까? 그리고 유한한 자원과 무한한 성장에 대한 믿음 사이에는? 경제 및 정치 분야 관련 의사 결정권자들과의 인터뷰를 통해 감독은 이 같은 중요한 질문을 다룬다.

〈아름다운 비행(Fly away home)〉: 캐롤 발라드 감독, 1996

어머니가 돌아가신 후, 어린 에이미는 십 년 만에 아버지가 살고 있는 온타리오의 고향 마을을 찾는다. 그 후 에이미가 16마리 야생 새끼 기러기들의 '엄마 기러기'가 되면서 비로소 두 사람이 가까워진다. 그들은 함께 어린 기러기에게 나는 법을 가르친다. 우리가 자연을 돕는 것이 결국은 우리 자신을 돕는 것이라는 사실을 보여 주는 감동적인 영화이다.

〈우리의 지구를 위하여(A life on our planet)〉: 데이비드 애튼버러 감독, 2020

영국의 야생 동물 영화 제작자이자 연구원인 데이비드 애튼버러보다 지구의 자연 세계를 더 많이 경험한 사람은 없을 것이다. 그는 지구상의 모든 대륙과 거의 모든 야생 장소를 방문했으며, 온갖 다양함과 경이로움으로 가득한 생명의 세계를 영상에 담아 기록했다. 이 영화에서 93세의 노인은 인간이 자연에 미치는 영향을 증언하며 미래에 대한 자신의 비전을 설명한다.

〈초원(Die wiese)〉: 얀 하프트 감독, 2019

화려한 수상 경력을 자랑하는 독일의 자연 영화 제작자 얀 하프트가 일년에 걸쳐 제작한 이 영화는 온갖 식물과 동물이 살고 있는 초원, 생명으로 가득한 우리들 문 앞의 낙원, 아주 소중하지만 위협받고 있는 생태계를 묘사한다.

〈카우스피라시(Cowspiracy)〉: 킵 앤더슨 & 키건 쿤 감독, 2014

대량 축산 경영은 지구 온난화와 종의 멸종의 주범으로, 다른 어떤 산업보다도 자연에 해를 끼친다. 흥미진진한 이 영화는 그런 사실이 왜 지금껏 그토록 소홀히 다루어졌는지 밝혀내고, 실현 가능한 해결책을 다양하게 제시해 준다.

〈플라스틱 중독(Addicted to plastic)〉: 이언 커내처 감독, 2008

플라스틱에 관한 흥미롭고 유익한 다큐멘터리이다. 플라스틱의 역사와 플라스틱이 일으키는 제반 문제에 관한 설명 및 전문가들의 조언을 통해 유독성 완화, 생물 분해, 재활용 방법 등 보다 실용적이고 효과적인 해결책을 제공한다. 캐나다의 영화 감독과 그의 팀은 5개 대륙 12개국에서 삼 년에 걸쳐 탐구 및 제작 작업을 진행했다.

〈100억의 식탁(10 Milliarden)〉: 발렌틴 투른 감독, 2015

영화 감독이자 베스트 셀러 작가인 발렌틴 투른은 음식의 미래에 대한 질문을 탐구한다. 우리는 언젠가 곤충을 먹게 될 것인가? 아니면 채식만으로 먹고살게 될 것인가? 유기 농업이 미래에 100억 인구를 먹여살릴 수 있을까? 천연자원을 착취하지 않고도 우리 모두가 배부를 수 있을까? 그는 인도의 씨앗 은행, 태국의 곤충 농장, 미국과 영국, 독일의 도시 농장 프로젝트에 이르기까지 세계를 여행하며 생태적이고 경제적인 대안을 찾는다.

인용문의 주인공들

게오르크 크리스토프 리히텐베르크(Georg Christoph Lichtenberg, 1742~1799)

'실험 물리학 강의'로 유명한 독일의 과학자이자 계몽주의 사상가이다. 그의 제자인 알렉산더 폰 훔볼트는 그에게 다음과 같이 감사를 표했다.

"진실 그 자체는 소중하다. 그러나 진실을 발견하는 능력은 그보다 더 소중하다."

로베르토 볼라뇨(Roberto Bolano, 1953~2003)

칠레의 시인이자 작가이다. 1973년에 칠레에서 군사 쿠데타가 일어나자 멕시코를 거쳐 에스파냐로 망명했다. 그는 소설 《야만스러운 탐정들》 시리즈와 《2666》 시리즈로 세계적인 명성을 얻었다.

루트비히 비트겐슈타인(Ludwig Wittgenstein, 1889~1951)

오스트리아와 영국에서 활동했으며, 20세기의 가장 위대한 철학자 가운데 한 명이다. 현대 영미 분석 철학의 선구자 중 한 명으로 꼽히며, 일상 언어

학파의 창시자로 평가받고 있다. 주요 작품으로는 《논리 철학 논고》가 있다.

마거릿 미드(Margaret Mead, 1901~1978)

미국의 인류학자. 1925년부터 39년까지 사모아·뉴기니·발리섬에서 원주민들의 생활을 조사했다. 주로 오세아니아 원시 종족들을 연구했으며, 인간의 행동을 생물학적 요소가 아니라 문화가 결정한다는 문화 결정론을 주장했다. 그 후 남녀 평등과 자유주의적 어린이 교육을 위한 캠페인을 벌이며 인종 차별에 맞서 싸웠다.

미하엘 엔데(Michael Ende, 1929~1995)

남녀노소 모두를 위한 환상적인 이야기를 통해 가장 위대한 이야기꾼 중 한 명으로 손꼽히는 독일 작가이다. 대표적인 작품으로는 《끝없는 이야기》, 《짐 크노프와 기관사 루카스》, 《모모》 등이 있다.

빌 맥키번(Bill McKibben, 1960~)

미국의 환경 운동가이자 작가이다. 이산화 탄소 배출 감소를 위해 투쟁하는 글로벌 기후 시민 운동 단체 '350.org'를 창설했다. 2014년에는 '대안 노벨상'으로 불리는 '바른생활상'을 수상했다.

아스트리드 린드그렌(Astrid Lindgren, 1907~2002)

스웨덴 작가로 《삐삐 롱스타킹》, 《로네베르가의 미셀》, 《산적의 딸 로냐》 등을 통해 세계에서 가장 많이 읽히는 어린이·청소년 도서 작가 중 한 명이 되었다. 그는 어린이의 권리, 비폭력 및 동물 보호를 위해 꾸준히 활동했다.

아슬리 에르도안(Aslı Erdogan, 1967~)

글쓰기에 전념하기 전, 오랫동안 물리학자로 활동한 터키 작가이다. 그는 2016년 8월에 터키 정부를 비판한 혐의로 체포되었으며, 2017년 이후로는 독일에서 망명 생활을 하고 있다.

알베르트 슈바이처(Albert Schweitzer, 1875~1965)

박해받는 사람들을 위한 활동으로 1953년에 노벨 평화상을 수상한 프랑스계 독일인 의사이자 철학자이다. 그는 중앙아프리카 가봉의 람바레네에 알베르트 슈바이처 병원을 설립했으며, 동물 보호 운동의 가장 중요한 사상가 중 한 명이다.

존 뮤어(John Muir, 1838~1914)

미국의 발명가이자 작가이다. 미국에서 삼림 보호를 처음 주장했으며, 캘리포니아주의 요세미티와 세코이아 국립 공원을 세우는 데 기여했다. 기계 발명가로 일하다가 산업 사고로 한쪽 눈의 시력을 잃은 후 일생을 자연을 보호하는 데 바쳤다.

프란츠 카프카(Franz Kafka, 1883~1924)

《변신》과 《심판》의 지은이로, 20세기의 가장 중요한 작가 중 한 명이다. 그의 글쓰기 스타일과 관련해서는 '카프카에스크'라는 별명이 붙는데, 이는 어두운 불확실성, 수수께끼 같고 구체적이지 않은 협박, 환영과 같은 어두운 힘 앞에 내버려진 존재에 대한 섬뜩한 감정을 의미한다.

칼 세이건(Carl Sagan, 1934~1996)

미국의 천문학자이자 천체 물리학자, 천체 화학자로 작가이자 교수이다. 자연 과학을 대중화하는 데 힘쓴 운동가이며, 1980년대 가장 유명한 미국 과학자로 꼽힌다. 그가 출연한 텔레비전 시리즈 〈코스모스〉는 전 세계 60개국에서 5억여 명이 시청했다. 나중에 책으로 나와 휴고 상을 수상했고, 지금까지도 전 세계 독자들에게 큰 사랑을 받고 있다. 그리고 수많은 우주 계획에 참여했다.

그 누구도 경험하지 못한

어떤 신세계

첫판 1쇄 펴낸날 2022년 11월 21일

지은이 사샤 맘착 · 마티나 포글
그린이 카트린 슈탕글 **옮긴이** 김완균
펴낸이 박창희
편집 김수진 **디자인** 김선미
마케팅 최창호 **회계** 양여진

펴낸곳 (주)라임
출판등록 2013년 8월 8일 제 406-2013-000091호
주소 경기도 파주시 심학산로 10, 우편번호 10881
전화 031) 955-9020, 9021 **팩스** 031) 955-9022
이메일 lime@limebook.co.kr **인스타그램** @lime_pub
홈페이지 www.prunsoop.co.kr

ISBN 979-11-92411-09-5 (44400)
979-11-951893-8-0 (세트)

* 잘못된 책은 구입하신 서점에서 바꾸어 드립니다.
* 본서의 반품 기한은 2027년 11월 30일까지입니다.